VOYAGES AÉRIENS

ŒUVRES DE CAMILLE FLAMMARION

ASTRONOMIE POPULAIRE. Ouvrage couronné par l'Institut. Gr. in-8, illustré de 360 figures, etc. (*Cinquantième* mille).......... **10 fr.**

LES ÉTOILES ET LES CURIOSITÉS DU CIEL. Supplément et Atlas de *l'Astronomie populaire*. Description du Ciel étoile par étoile ; moyens de reconnaître les constellations. Gr. in-8 illustré.. **7 fr. 50**

LES TERRES DU CIEL. Description physique, climatologique, géographique, des planètes qui gravitent avec la Terre autour du Soleil et de l'état probable de la vie à leur surface. 7e édit. 1 vol in-12 illustré de planches et photographies célestes............. **6 fr.**

LA PLURALITÉ DES MONDES HABITÉS, au point de vue de l'Astronomie, de la Physiologie et de la Philosophie naturelle. 28e édition. 1 vol. in-12 avec figures............................... **3 fr. 50**

LES MONDES IMAGINAIRES ET LES MONDES RÉELS Revue des théories humaines sur les habitants des astres. 17e édition, 1 vol. in-12 avec figures....................................... **3 fr. 50**

LES MERVEILLES CÉLESTES. Lectures du soir, pour la jeunesse. Gravures et cartes (*Trente-huitième* mille). 1 vol. in-2..... **2 fr. 25**

PETITE ASTRONOMIE DESCRIPTIVE pour les enfants. Ornee de 100 figures. 1. vol. in-12............................... **1 fr. 25**

HISTOIRE DU CIEL. Histoire populaire de l'Astronomie et des différents systèmes imaginés pour expliquer l'Univers. 4e édition. 1 vol. grand in-8, illustré............................... **9 fr.**

VIE DE COPERNIC et histoire de la découverte du Système du Monde. 1 vol, in-12............................... **1 fr. 50**

L'ATMOSPHÈRE. Description des grands Phénomènes de la Nature. (*Épuisé*).

RÉCITS DE L'INFINI. — Lumen. — Histoire d'une âme. — Histoire d'une comète. — La Vie universelle et éternelle. 7e édition. 1 vol. in-12............................... **3 fr. 50**

CONTEMPLATIONS SCIENTIFIQUES. Nouvelles études de la Nature et exposition des œuvres éminentes de la science contemporaine. 3e édition. 1 vol. in-12............................... **3 fr. 50**

DIEU DANS LA NATURE, ou le Spiritualisme et le Matérialisme devant la Science moderne. 17e édition. 1 fort volume in-12, avec le portrait de l'auteur............................... **4 fr.**

SIR HUMPHRY DAVY. — LES DERNIERS JOURS D'UN PHILOSOPHE. Entretiens sur la Nature et sur les Sciences. Traduit de l'anglais et annoté. 6e édit française. 1 vol. in-12............... **3 fr. 50**

ÉTUDES ET LECTURES SUR L'ASTRONOMIE. Ouvrage périodique, exposant les Découvertes de l'Astronomie contemporaine, les recherches personnelles de l'auteur, etc. 9 vol. in-12. Le volume. **2 fr. 50**

ASTRONOMIE SIDÉRALE : LES ÉTOILES DOUBLES. Catalogue des étoiles multiples en mouvement, etc. 1 vol. in-8............... **8 fr.**

ATLAS CÉLESTE, contenant plus de 100000 étoiles. 1 vol. in-folio de 30 cartes............................... **45 fr.**

Châteauroux — Imp. NURET, MAJESTÉ, successeur

CAMILLE FLAMMARION

VOYAGES AÉRIENS

IMPRESSIONS ET ÉTUDES

JOURNAL DE BORD

DE

DOUZE VOYAGES SCIENTIFIQUES EN BALLON

AVEC PLANS TOPOGRAPHIQUES

PARIS

C. MARPON ET E. FLAMMARION

ÉDITEURS

1 à 7, galeries de l'Odéon, et rue Rotrou, 4

| Boulevard des Italiens, 10 | Boulevard Saint-Martin, 3 |
| Rue Auber, 14 | Lib. populaire de la Ruche |

1881

Tous droits réservés.

PRÉFACE

Les descriptions qui vont suivre sont de simples impressions de voyages en ballon, qui
n'ont pas été rédigées en vue de former un ouvrage, mais ont été saisies et jetées sur le papier
après chacune de mes traversées aériennes. Ces
relations spontanées et rapidement écrites, sous
l'impression immédiate des scènes si frappantes
et si nouvelles offertes par l'aérostation, ont peut-
être l'inconvénient de ne point offrir la forme
correctement arrangée d'un travail mûri à loisir.
Certaines pages ont été crayonnées sur mon
Journal de bord, dans la nacelle même, au milieu des nuages ou de l'air limpide, soit pendant
le jour, soit à la clarté de la lune, soit même
pendant la nuit profonde, quelquefois au sein
d'un air calme et immobile, quelquefois dans

l'orage et dans le vent des tempêtes. J'ai préféré cependant ne point les retoucher, afin de leur laisser précisément l'originalité qui les a caractérisées, et dans la pensée que le premier mérite des « impressions de voyage » est d'être spontanées et personnelles. Les personnes qui ne sont pas encore montées en ballon, pourront, après la lecture de ces pages, s'imaginer facilement avoir voyagé dans les airs sans avoir couru aucun danger ; elles pourront se former une idée des spectacles sublimes qui se développent dans les hauteurs aériennes, de la variété des aspects offerts par notre planète à ceux qui la regardent d'en haut, et des curiosités inattendues qui se révèlent aux yeux émerveillés de l'aéronaute. Les résultats scientifiques obtenus dans ces douze voyages, accomplis de jour et de nuit et à des hauteurs variées, offrent un intérêt d'un autre ordre ; ils mettent en évidence l'importance de la météorologie dans les affaires de la terre et l'importance de l'aérostation en météorologie. Je n'ambitionne pas le privilège d'exercer sur mes lecteurs la fascination que le charme des voyages aériens a exercée sur mon propre esprit ; mais je dois dire, je dois assurer que j'ai éprouvé là une *véritable* fascination à nulle autre pareille, et que, plus encore que l'astronomie — et c'est bien étrange — ces contemplations nous donnent la nostalgie du ciel.

VOYAGES AÉRIENS

I

MON PREMIER VOYAGE AÉRIEN

LE JOUR DE L'ASCENSION 1867

> Où va-t-il ce navire ? — Il va, de jour vêtu,
> A l'avenir divin et pur, à la vertu,
> A la science qu'on voit luire,
> A l'amour, sur les cœurs serrant son doux lien,
> Au juste, au grand, au bon, au beau... Vous voyez bien
> Qu'en effet, il monte aux étoiles.
>
> V. Hugo.

Tous les mouvements qui s'accomplissent dans l'atmosphère sont régis par des lois.

Les énergies en activité dans la formation des vents, dans l'élévation des nues, dans le déploiement des tempêtes, les forces qui président à l'amoncellement des orages, à la naissance des brises légères, aux mouvements des marées

aériennes, sont aussi positives, aussi absolues
que celles qui meuvent les astres dans les profondeurs de l'infini. L'homme, si insignifiant
dans l'univers au point de vue de sa valeur cor-
porelle, et si grand par son génie, a su découvrir les causes des mouvements célestes, et
nous pouvons calculer aujourd'hui la position
que tel monde occupera dans un siècle ou dans
plusieurs milliers d'années. Mais les mouvements atmosphériques, plus complexes et plus
insaisissables, ont échappé jusqu'ici à l'observation, et paraissent encore étrangers à toute
détermination du calcul. Cependant nous pouvons affirmer, au nom de la philosophie naturelle, que le moindre souffle d'air ne saurait
être le résultat du hasard, et nous sommes auto-
risés à espérer que le jour viendra où les
causes seront déterminées, et où la prédiction
du temps sera faite par une véritable science
météorologique, digne compagne de sa sœur
aînée l'astronomie.

La voie la plus naturelle et la plus directe pour étudier le monde des airs, me paraît être l'aérostation. Pour connaître les variations diurnes et le caractère météorologique des diverses altitudes, pour observer la marche des courants aériens, la naissance et les métamorphoses des nuages, pour examiner dans sa formation et dans ses mouvements le mécanisme des orages, il me semble qu'ici comme ailleurs le meilleur moyen de savoir ce qui se passe en ces régions supérieures, c'est de constater les faits. Une longue accumulation de *faits* et leur discussion systématique serviront plus que toute hypothèse à la solution des problèmes.

Un second intérêt s'attache à l'observation des courants, c'est que, dans le cas où l'on reconnaîtrait leurs variations à différentes hauteurs, selon les heures du jour et les saisons, ou suivant des conditions déterminées, le grand problème de la navigation aérienne serait résolu.

J'ai donc entrepris une série d'expériences

aérostatiques dans le but d'observer les courants et d'appliquer la position exceptionnelle de l'aérostat à d'autres études de physique générale sur des sujets fixés d'avance, tels que la température des couches aériennes, l'électricité atmosphérique, le magnétisme terrestre, l'humidité de l'air, la radiation solaire, les phénomènes météoriques, la forme des nuages, la couleur du ciel, la scintillation des étoiles, la lumière zodiacale, la composition chimique de l'atmosphère à différentes hauteurs, les lois de la vision et du son, etc.

Le programme de ces expériences a été tracé par Arago lors de l'ascension de MM. Barral et Bixio, et les sujets d'études ont été fixés d'après l'examen des recherches entreprises par Gay-Lussac, Robertson, Welsh et Glaisher. Les observations ont été particulièrement assimilées à celles de ce dernier astronome pour les points que le voisinage de la mer interdit en Angleterre. Les instruments ont été construits par

Secrétan, l'opticien de l'Observatoire de Paris,
et plusieurs ascensions ont été faites sous les
auspices de l'Observatoire et de l'Institut [1].

Mes premiers voyages ont été accomplis au
nom de la Société aérostatique de France, dont
j'étais alors président. Le maréchal Vaillant,
alors ministre, avait mis à notre disposition l'excellent aérostat que Napoléon III s'était fait
construire au moment de la guerre d'Italie, en
1859, et qui était resté jusqu'alors au Garde-Meu-
ble sans avoir servi, car il arriva à Solférino le
lendemain de la victoire. Construit en soie double, il était à peu près imperméable, en de bonnes

1. Cette *série* de voyages scientifiques en ballon, commencée
le 30 mai 1867, est la première qui ait été faite en France, —
depuis les deux mémorables ascensions de Bixio et Barral
en 1850, qui n'avaient, du reste, été précédées elles-mêmes
que par les deux de Gay-Lussac et Biot en 1804. Il semble
que cette série ait été l'occasion d'un réveil de l'aérostation
scientifique en France, car mes expéditions aériennes n'ont
pas tardé à être suivies de celles de MM. de Fonvielle, Tissandier, Crocé-Spinelli, Sivel, etc. Nos lecteurs se souviennent
que ces deux derniers savants sont morts à 8600 mètres de
hauteur, dans leur célèbre ascension du 15 avril 1875.

conditions pour des ascensions scientifiques, ce qui, joint à sa capacité de 800 mètres cubes, pouvait permettre de véritables voyages.

Mes observations scientifiques ont été dès le principe consignées en des mémoires spéciaux. Les résultats définitifs ont été publiés par l'Académie des sciences et utilisés dans mes divers ouvrages. Mais il est un aspect de ces voyages aériens qui a paru essentiellement populaire et susceptible d'intéresser l'attention d'un grand nombre : ce sont les impressions spontanées produites sur l'homme isolé de la terre, et les remarques faites dans cette nouvelle contemplation sur les phénomènes de la nature. C'est ce récit qui fait l'objet des présentes relations. — Je n'ai pas cru cependant devoir en exclure pour cela les principaux résultats scientifiques obtenus dans mes diverses excursions.

Avant le départ. — Ma première ascension a eu lieu le jeudi 30 mai 1867, *jour de l'as-*

cension, date choisie par moi en souvenir d'une association d'idées qui m'était agréable [1].

Nous nous rendons à la salle où gît l'aérostat non gonflé. C'est un immense fuseau de soie

1. J'avais vingt-cinq ans. Mais dans mon enfance, vers l'âge de huit ans, j'avais passé toute une semaine sans pouvoir dormir après avoir vu une immense affiche qui annonçait une *ascension* à Langres pour le jour de l'ascension, et j'étais alors si émerveillé de l'ascension de Jésus que je ne pouvais croire à un tel rapprochement, et que je brûlais du désir d'en être moi-même le héros « quand je serais grand ». Une autre fois, en 1858, j'étais couché sur le dos dans l'herbe épaisse du jardin de l'Observatoire à Paris, à l'heure de la sieste, lorsqu'un ballon vint à passer au-dessus de moi, à une très faible hauteur. Je pouvais même distinguer les passagers dans la nacelle, et je les entendais parler. Le ciel était d'un bleu pur, et le navire aérien suivait silencieusement son sillage invisible. Le bonheur de se sentir élevé dans une *ascension* fit de nouveau palpiter mon cœur, et je ne fis qu'y rêver pendant longtemps. Mais l'astronomie ne tarde pas à absorber entièrement l'esprit de ceux qui la cultivent, et je devais attendre longtemps encore avant de pouvoir donner une place même secondaire à l'aérostation. Enfin, en 1867, l'occasion si longuement attendue se présenta. J'avais lu dans les auteurs anciens qu'elle n'a (l'Occasion) qu'une touffe de cheveux sur le devant de la tête, et que si on la laisse passer on ne peut plus la saisir. Entre deux dates que l'on m'offrait, je choisis pourtant la seconde, quoique ne croyant plus à l'ascension de Jésus, et peut-être même à cause de cela. L'astronomie et l'aérostation sont certainement les deux études qui réduisent le plus vite les légendes et les puérilités humaines à leur juste niveau.

vernie étendu sur le sol ; un vaste filet l'enveloppe de ses mailles ; le tout représente une
masse informe dissimulée dans ses larges plis
longitudinaux. Pour tout œil vulgaire, il n'y a
là qu'un tissu de telle longueur sur telle largeur.
L'œil de l'aéronaute apprécie cette chose inerte
sous un tout autre caractère.

En abaissant le regard sur cette masse étendue, il la voit rapidement revêtir un aspect in-
solite, capable de l'émouvoir profondément. Il
se sent touché au fond de la poitrine. Il est
porté à l'apostropher : « Objet informe, lui dit-
il, chose inerte, toi que je puis maintenant
fouler à mes pieds et que mes faibles doigts peuvent briser ; toi qui gis morte devant moi, toi
mon esclave, je vais par mon caprice te rendre
ma souveraine ! Je pourrais te laisser dans la
poussière et demeurer sur mon trône, mais par
ma volonté je vais te donner la vie. Je vais bientôt te faire mon égale en puissance ; puis, dans
ma générosité peut-être insensée, je te ferai plus

puissante que moi, ô chose inerte et vile ! Je te donnerai plus que je n'ai. Je vais te faire grande et splendide ! Je vais te faire si grande, que désormais je serai ton esclave à mon tour... Je deviendrai ta chose, moi la pensée ; toi, tu seras la reine. Je m'abandonnerai à ta majesté, et tu m'emporteras, ô création de ma main ! tu m'emporteras au delà de mon royaume, dans le tien, que je t'ai créé ; tu t'enfuiras dans la sphère des orages et des tempêtes, et tu me forceras à t'y suivre ! Et tu feras de moi ce que tu voudras. Tu oublieras que c'est moi qui t'ai donné le jour... Tu me raviras peut-être ma propre vie et tu laisseras flotter mon cadavre au sein des tourmentes supérieures, jusqu'à ce que ta perfidie, fatiguée d'elle-même, retombe, monstre aveugle, en quelque plage déserte ou dans les flots qui nous engloutiront ensemble ! »

En effet, cette chose qui, tout à l'heure encore, gisait inerte sur le sol, devient une puissance, un *être* spécial, dont l'air sera l'élément, et que

les habitants de l'air, les oiseaux les plus forts,
fuiront avec angoisse. Lentement, le gaz pénètre, comme un souffle de vie, et gonfle la
sphère palpitante. Déjà l'aérostat se tort en convulsions pour échapper aux mains qui le retien-
nent et semble se révolter à la fois contre le vent
et contre l'homme, sans lesquels pourtant il
n'existerait pas. (On devient égoïste aussitôt
qu'on se sent fort!) Il ne me permet pas d'attacher mes instruments à ses pieds ; et tandis que
nous prenons place avec nos appareils dans la
nacelle vacillante, les cœurs qui battent à l'unisson du nôtre se rapprochent et nous implorent.
« Quelle folie de quitter la terre ! quelle naïveté
d'exposer sa vie pour la science ! Est-il juste de
préférer un voyage aérien à la tranquillité de
l'étude et de la contemplation ? A quelle épreuve
avez-vous la force de condamner ainsi notre
affection ? Savez-vous où vous allez être emporté ? etc... » Toutes ces plaintes de la ten-
dresse vous enveloppent et vous font croire que

vous êtes un héros. Il résulte de cette conséquence un effet inattendu : votre décision s'affirme avec une énergie nouvelle et votre courage
s'enflamme plus vaillamment que jamais. Vous
promettez de revenir dans quelques heures, et...
vous donnez aux aides l'ordre de « lâcher tout ».

Eugène Godard a la direction de l'aérostat.
Après lui, un spirituel compagnon de voyage, le
comte Xavier Branicki, prend place en face de
moi, dans la nacelle. L'agitation du ballon nous
a empêchés d'attacher nos appareils. Nous le
ferons là-haut, quand l'impatient ne se révoltera
plus.

L'instant du départ a quelque chose de solennel. Au milieu des amis qui sont venus assister
à votre premier voyage, sous leurs regards qui
vous suivent, vous vous élevez lentement, majestueusement dans l'espace. C'est déjà là une
première sensation, unique, toute nouvelle et
très singulière. Le mouvement qui nous emporte
est *complètement insensible pour nous ;* mais *nous*

savons que nous nous élevons, car progressivement Paris s'agrandit au-dessous de nous, et
bientôt notre vue l'embrasse dans son entier,
encadré des verdoyantes campagnes qui l'environnent. Nous jetons un dernier regard, nous
adressons un dernier signe aux yeux qui nous
cherchent, et dont quelques-uns, trop sensibles
pour une situation aussi simple, ne nous distin-
guent plus qu'à travers un voile humide, et nous
cherchons nous-mêmes à définir les sensations
nouvelles qui nous agitent.

« *Que c'est beau ! Que c'est beau !* » C'est la
première exclamation qui s'échappe de nos
lèvres.

Nulle description ne saurait rendre la mer-
veilleuse magnificence d'un tel panorama. Ceux
qui l'ont essayée sont tombés dans le style naïf
et dans l'apparence du ridicule. La plus ravissante, la plus grandiose scène de la nature, vue
du haut d'une montagne, n'approche pas de la
grandeur de cette même nature, vue perpendi-

culairement dans l'espace. Là seulement l'homme s'aperçoit que la terre est belle, que l'atmos_ phère enveloppe ce monde d'un rayonnement de vie, que la création est une immense harmonie. Oui, la vie s'élève comme un chant de la surface de la terre caressée par les rayons du soleil.

La première impression qui domine est une sensation de bien-être tout nouveau, à laquelle s'ajoute la vaniteuse petite joie de se voir au-dessus du reste des autres hommes, et le plaisir d'admirer un spectacle immense et inattendu. Quant au mouvement, *il est absolument insensible*. (L'aéronaute doit avoir soin de bien équilibrer son navire aérien avant de lever l'ancre ; il doit s'élever avec une grande lenteur, ce mode d'ascension étant préférable à celui d'une flèche, tant pour le charme de la contemplation que pour les indications des instruments, qui doivent se mettre lentement à la température ambiante.) J'ai dit que le mouvement est complètement insensible et, en effet, nous ne le sentons en aucune façon. Et cela se conçoit : nous avons toujours les pieds appuyés sur le fond de la nacelle, notre centre de gravité est dans la nacelle : physiologiquement, nous ne sommes pas suspendus. De plus, aucune sensation de vent. Nous nous croyons *immobiles*. *La terre descend* au-dessous de nous ; le groupe de nos amis diminue ; leurs adieux n'arrivent plus que faiblement ; ils sont bientôt couverts par la voix colossale de Paris, qui domine tout d'un brouhaha gigantesque. La populeuse cité développe sous nos yeux ses mille toits, ses coupoles, ses tours, ses édifices, ses jardins, ses boulevards, sa ceinture extérieure, ses campagnes environnantes ; c'est un spectacle féerique devant lequel s'éclipsent tous les contes des *Mille et une Nuits*.

Les œuvres humaines s'effacent vite dans une telle contemplation. Les palais élevés, les basiliques séculaires, les hautes coupoles, les clochers de pierre qui perçaient le ciel de leurs délicates broderies, se sont abaissés au niveau du sol. Notre-Dame, dont le portail nous saisissait d'admiration ; l'Arc-de-Triomphe, colosse de pierre qui veille au couchant de la grande ville, le Louvre assis au bord du fleuve, les dernières tours que le temps a laissées debout: toutes les splendeurs de l'architecture s'humilient devant le ciel. La première ville de l'Europe, la capitale de la terre, Paris, s'est réduite pour nous aux dimensions des plans en relief que l'on voit au musée des Invalides. Vues de haut, toutes les perspectives sont changées. Les vastes avenues et les grands parcs sont devenus de minces allées et de petits jardins. Nous traversons un minuscule filet d'eau qu'on appelle la Seine. Quelques points de vue descendent même au grotesque. Le palais du Champ-de-Mars, que certains novices admiraient, ressemblait pour nous (pardon de la ressemblance) à un petit rouleau de boudin blanc de Nancy. Au delà du Louvre, la tour Saint-Germain-l'Auxerrois, flanquée de l'église et de la mairie, donnait l'idée d'un huilier. Tandis que le ballon plane encore à une centaine de mètres seulement, on remarque de bizarres effets de raccourci. Le Napoléon de la colonne Vendôme et le génie de la Bastille nous ont semblé posés sur un piédestal plus gros en haut qu'en bas. Mais bientôt l'ascension a aplani les statues au niveau du sol et nous a montré que, en effet, la gloire n'est que l'égalité du néant. — Comme tout change, vu d'en haut !

On reconnaît aussi sans peine que les corporations religieuses du faubourg Saint-Germain ont une quantité toute fastueuse de terrain à Paris. La vanité n'a pas d'accommodements avec notre ciel. La Seine est un petit ruban gris dont les sinuosités se dessinent au loin, et vont scintiller à l'ouest jusqu'à Rouen. Au nord-est le regard s'étend jusqu'à Meaux. *La surface de la terre est plane.* Il n'y a plus ni montagnes, ni vallées, mais un plan régulier et finement colorié, magnifique et riche miniature. Comme on comprend bien l'exaltation des premiers aéronautes lorsqu'ils se virent transportés au-dessus du monde vulgaire, et contemplèrent l'admirable champ de la nature déployé pour la première fois sous l'œil victorieux de l'humanité !

Ainsi, la première impression qui domine, c'est en quelque sorte *la sensation de l'immobilité*, par opposition à l'idée qu'on se fait d'avance de sentir un grand mouvement à travers l'air. La seconde, c'est le ravissement du spectacle inattendu et sans précédent que l'on a tout à coup déployé devant soi. Mais une troisième impression ne tarde pas à succéder aux deux premières : c'est un doute sur la solidité absolue du navire aérien. La nacelle est suspendue par des cordes au filet qui enveloppe entièrement l'aérostat, et les huit cordes qui la soutiennent sont tissées dans l'osier même, passant sous nos pieds et revenant par l'autre côté. La soupape se trouve au sommet du ballon. La corde qui permet de l'ouvrir tombe par l'intérieur du ballon, jusqu'à portée de la main de l'aéronaute ; l'aérostat n'est pas fermé en bas, de sorte que nous en voyons l'intérieur et que nous nous sentons littéralement suspendus à une bulle de gaz. Le ballon avec sa nacelle a la hauteur d'une maison de cinq étages. L'abîme immense ouvert sous nos pieds fait faire quelques réflexions auxquelles il est difficile de se soustraire : Si le gaz s'échappait du ballon ?.. Si le ballon sortait du filet ?.. Si une corde cassait ?.. Si la nacelle se défonçait ?.. Si on ne pouvait plus redescendre ?.. Si on était saisi par une trombe ?... Réflexions variées qui se résument en définitive dans ce même résultat : *Si nous tombions !..* Mais on reconnaît vite l'invraisemblance de toutes ces craintes du premier moment. Physiquement parlant, l'aérostat est aussi solide dans l'air que la pierre sur le sol. Et puis, si l'on devait tout craindre, on ne sortirait jamais de chez soi... Mais suivons le navire aérien dans sa route céleste.

Dépassant Paris et sortant du bruit immense, l'aérostat s'enfonce dans les profondeurs de l'atmosphère... Notre esprit se souvient du chant du poète adressé à l'aéroscaphe du siècle futur :

> Superbe, il plane avec un hymne en ses agrès ;
> Et l'on croit voir passer la strophe du progrès :
> Il est la nef, il est le phare !
> L'homme enfin prend son sceptre et jette son bâton,
> Et l'on voit s'envoler le calcul de Newton
> Monté sur l'ode de Pindare.

Le génie de Victor Hugo a deviné les splendeurs de l'aérostation. Comment l'illustre poète ne s'est-il pas élancé lui-même dans les hauteurs aériennes !

Le voyage. — Ayant quitté la terre à 5 heures 20 minutes de l'après-midi, nous nous trouvions, dix minutes après, à 600 mètres de hauteur et à 4300 mètres au sud-est. Nous avions donc parcouru au moins la diagonale d'un rectangle construit avec cette base et cette hauteur, c'est-à-dire 4342 mètres en dix minutes. Dès notre départ nous volons avec une vitesse de 7 mètres 35 centimètres par seconde, ou de 26 kilomètres à l'heure.

Le thermomètre qui marquait à l'ombre 24° au départ, en marque 23 à 400 mètres et 25 à 600 : la température de l'air ne diminue donc pas régulièrement, comme on l'enseigne dans les cours de physique.

Lorsque nous passons au-dessus de la gare Montparnasse un nuage cache Épinay. On entend distinctement le bruit des locomotives et des manœuvres ; un peu plus loin la musique militaire envoie dans l'air ses fanfares. Tous les bruits de Paris se laissent percevoir ; remarque assez curieuse : de tous les bruits, ce sont les aboiements des chiens qui dominent le murmure terrestre.

La grande ville s'est éloignée. Nous planons maintenant au-dessus de plaines verdoyantes délicatement nuancées. Les moindres objets se dessinent avec une netteté remarquable. Mais à cette heure une brume très légère s'étend comme un voile transparent sur la campagne ; ce voile est plus épais vers l'ouest. Sous cette gaze légère, la nature chante. Quelques oiseaux, parmi lesquels nous distinguons l'alouette, murmurent leurs notes du soir. Le bruissement des « cris-cris » forme le fond de la mélodie. Les grenouilles jettent au loin leur aigre coassement.

Nous traversons maintenant l'air silencieux avec une grande lenteur : 220 mètres par minute ou 3 mètres et demi par seconde. Au sein de l'immense paix qui nous environne, l'aérostat avec ses cordages tendus semble, porté par le souffle aérien, une vaste lyre que des sylphes invisibles transportent au sein des cieux étonnés. On voit l'ombre du navire aérien flotter sur les prés, les champs et les bois. Plus tard, notre ombre s'éloigne à mesure que le soleil descend, jusqu'au moment où le soleil et l'aérostat, se trouvant sur une ligne horizontale, ne permettent plus d'ombre, et où même le soleil descendant au-dessous de nous projettera *notre ombre en haut*. Il faut être en ballon pour ne plus voir son ombre à ses pieds, mais à sa tête.

Nous passons à 6 heures 27 minutes au-dessus de Valenton dont les parcs réguliers nous offrent une merveille de dessin. Toute la population nous acclame. Nous remontons un peu dans une couche d'air plus fraîche, et notre vitesse s'accroît: 376 mètres par minute, 6 mètres 27 par seconde.

Un hygromètre végétal, monté sur un décimètre carré de carton blanc, que j'avais construit le matin, m'échappe des mains. Je me précipite pour le saisir ; mais Godard me fait remarquer avec raison qu'il est prudent de ne pas trop se pencher dans le vide, afin de ne pas se préparer la surprise de perdre l'équilibre. Je me borne alors à regarder la chute du cercle de carton, et

je compte 4 minutes 14 secondes avant de le voir
disparaître comme une petite étoile scintillante
sur les arbres de la forêt de Sénart.

Au-dessus de la gare de Lieusaint, le ballon
commence à descendre, et nous jetons du lest
pour maintenir l'équilibre ; mais tout à coup
nous sentons du sable qui nous tombe en poussière sur la tête et nous enveloppe d'un léger
nuage : c'était notre lest, qui, descendu moins
vite que nous, retombait sur nos têtes !... Nous
croyons distinguer un orage très étendu dans le
lointain, à l'horizon du sud-est. Les belles collines de Villeneuve-Saint-Georges, les coteaux
de Montgeron, la vallée d'Yères, ont passé
sans que nous pussions reconnaître le plus
léger relief de la plaine immense.

Le tonnerre gronde au delà, et des éclairs
sillonnent en zigzags cette partie du ciel.
L'atmosphère reste pure autour de nous. L'air
frais a ouvert notre appétit. Nous nous donnons
le rare plaisir d'un petit goûter de fantaisie

accompagné du généreux vin de Hongrie : la salle à manger est plus vaste que celle de Socrate, l'air y circule librement, et le plafond est inaccessible ; mais les convives y seront toujours plus rares que chez le philosophe athénien. Des brises embaumées s'élèvent vers nous du sein des campagnes, le soleil nous dore de ses rayons et notre esquif aérien file, silencieux.

Un cri jeté par moi revient après six secondes. Il y aura à vérifier si la vitesse du son est la même suivant la verticale, et si l'appel nous est renvoyé de la plaine inférieure. (On verra ces expériences dans la suite de ces récits ; quant à ce premier voyage aérien, je fus singulièrement impressionné par la vague profondeur de l'écho : il semble plutôt prendre naissance à l'horizon et garde un timbre étrange comme s'il venait d'un autre monde.)

Nous entrons sur la forêt de Fontainebleau : une immense et frappante tranquillité nous environne. Le calme serait absolu sans le murmure des insectes et des oiseaux qui s'élève jusqu'à nous, et sans les grondements du tonnerre qui s'est rapproché. Des nuées lointaines avancent vers nous. Mais nous nous croyons immobiles, et c'est là le point le plus extraordinaire, quoiqu'il s'explique naturellement. Les yeux fermés ou élevés vers la sphère de gaz qui nous emporte, il est complètement impossible de deviner que l'on est en mouvement. Cependant notre vitesse s'est encore accrue : elle est de dix mètres par seconde ou de 36 kilomètres à l'heure.

L'orage que nous avons remarqué depuis longtemps se passe évidemment dans la zone en laquelle nous voguons. Nous sommes attirés par lui, et nous nous rapprochons l'un de l'autre avec la vitesse de deux trains venant à la rencontre. A 7 heures 30 minutes, nous avons traversé les mares et les rochers de l'abrupte forêt, si singulière vue d'en haut ; nous planons sur la vallée de la Solle ; nous passons à la limite ouest du champ de course, et le Nid-de-l'Aigle s'enfuit derrière nous. Nous approchons toujours des nuées orageuses. La foudre et les éclairs s'avancent. Le tonnerre gronde sourdement et de vagues lueurs s'allument et s'éteignent dans les nuées grises. Au-dessous de nous, la forêt déroule ses sombres paysages. Du haut de l'aérostat, les énormes quartiers de rochers qui trônent pittoresquement au milieu des arbres ressemblent à quelques-unes des montagnes de la lune.

L'orage arrive avec une rapidité à laquelle nous ne nous attendions pas. Dans quelques minutes, nous serons enveloppés. Deux partis seulement sont à prendre : nous élever assez haut pour passer au-dessus des nuages, ou descendre sans perdre de temps. Le premier parti est irréalisable, attendu qu'il ne nous sied pas de déposer sur les cîmes de la forêt notre noble compagnon pour nous délester... Le tonnerre gronde de plus en plus, les nuages sombres s'accumulent autour de nous, et les éclairs lancent leurs traits dans tous les sens.

LA DESCENTE. — Pendant que nous réfléchissons, nous sommes entrés à la limite de la pluie, et déjà les fines gouttelettes qui crépitent sur l'aérostat l'ont fait descendre jusqu'à la cîme des chênes. Nous entendons le bruit du vent mugissant dans le feuillage, et les hautes branches se tordent sous la tempête qui s'avance. Emporté avec une rapidité de dix mètres et demi par seconde, l'aérostat vole comme une flèche, la nacelle va se précipiter sur les toits de Fontainebleau, qui arrivent à pas de géants. Nous traversons la ville comme une flèche.

— *Tenez-vous bien !* crie Godard.

Le craquement des hautes branches nous fit sentir que nous touchions le sommet des arbres et que la nacelle se faisait une trouée dans la forêt. Mais l'aérostat, confiant dans sa grandeur, refusait de revenir à terre. Il paraissait sentir que l'homme allait lui reprendre la gloire qu'il lui avait prêtée. Le colosse se souvint de sa puissance, il rebondit dans les airs, mais retomba bientôt pour se relever encore. De seconde en seconde, par bonds de dix mètres, nous retombions dans les branchages. Bientôt le géant, fatigué, haletant, perdant son air et sa vie, s'arrêta comme un être essoufflé, en s'appuyant sur la lisière de l'avenue où nous devions mettre pied à terre. Pendant la traversée, le secret désir de garder le ballon gonflé après la descente m'avait travaillé l'esprit : j'espérais pouvoir continuer notre voyage, tandis que notre compagnon retournerait à Paris ; mais l'orage éclata aussitôt ; une pluie torrentielle, qui devait se continuer jusqu'à minuit et transformer les rues de la ville en véritables lacs, s'abattit sur la forêt. Grâce à l'immense population accourue à la descente, nous parvîmes cependant à abriter les instruments et à dégonfler rapidement l'aérostat.

Descendus à 7 heures 45 minutes, nous étions venus de Paris avec la vitesse d'un train ordinaire. Nous avions directement été conduits vers la tempête, comme par attraction. Cette marche des zones d'air vers le point de moindre pression barométrique s'explique d'elle-même et doit rendre compte de la conduite générale des cyclones et des tempêtes. Si, au lieu de descendre, nous étions restés dans la zone de l'orage, malgré le tonnerre et les éclairs qui commençaient à nous envelopper, nous aurions subi un moment d'arrêt sur Moret, puis nous aurions été ramenés par l'orage même à Paris, où nous serions arrivés avec lui vers 9 heures. Être porté ainsi dans l'espace sur l'aile de la foudre est sans contredit une ambition digne de l'homme et de la science. Seulement il serait bon de savoir d'avance s'il est certain que l'éclair enflammant le gaz nous précipiterait en chemin sur la plaine, ou si la tempête n'emporterait dans ses flancs que des corps foudroyés. D'un côté comme de l'autre, le sort de l'aéronaute serait le même. Mais peut-être aussi ne subirait-on aucune atteinte en raison de l'isolement de l'aérostat. L'expérience est belle à tenter, mais garde sans doute de désagréables surprises, et les émotions de ce premier voyage étaient suffisantes pour ne pas les multiplier trop vite.

L'impression qui domine dans l'ascension est indéfinissable. Au bonheur de se trouver dans l'espace et de planer au-dessus des misères humaines se joint la sensation d'un *calme étrange,* absolu, que l'on n'a point sur la terre ; car l'on ne ressent pas le plus léger mouvement ; on cause, on écrit, exactement comme si l'on était assis près d'une table de salon. Je n'ai éprouvé aucun vertige. On dit généralement que l'on n'a jamais le vertige en ballon. Cependant notre compagnon, le comte Xavier Branicki, en fut atteint dès l'instant du départ et le garda jusqu'au delà de Villeneuve-Saint-Georges.

La situation exceptionnelle de l'aéronaute dans la nacelle ne donne pas le vertige, comme on pourrait le croire, et celui-ci n'était qu'un trouble *imaginaire*. Cela est si vrai que c'est principalement du moment où notre compagnon aurait dû l'avoir, lorsqu'il consentit à regarder la terre, qu'il se sentit délivré. Si le bord de la nacelle ne l'avait pas efficacement garanti, le célèbre comte polonais se serait laissé certainement attirer par la terre de France. J'ajouterai que sans avoir éprouvé moi-même cette maladie de la vision, je me sentais également le vague désir de me précipiter. Quoique convaincu de ma mort immédiate, j'éprouvais une douce tentation de me laisser tomber, et ma propre mort me devenait assez indifférente. Mais heureusement c'est une de ces tentations· auxquelles on peut résister. Voilà, j'espère, des sensations toutes particulières à la navigation aérienne.

Un petit drame comme on en voit à l'Ambigu-

Comique intrigua un instant notre descente. Tout à coup, pendant la tempête, mon aéronaute, plongeant son regard sur la forêt, sortit de son sac un immense couteau espagnol qu'il se mit en devoir d'attacher au filet par une chaîne d'acier. Que signifiait cette précaution ? Voulait-on couper court à l'embarras d'une descente? Pourquoi ce poignard ? C'était le dénoûment héroï-comique de la pièce. Le couteau n'a d'autre but que de trancher au moment précis la ficelle qui retient la corde d'ancre. On l'attache afin qu'il n'échappe pas des mains à ce moment perplexe. Eugène Godard est la prudence même, et d'une habileté consommée ; il opère généralement la descente en toute sécurité, et quelquefois même il trouve le moyen de poser la nacelle entre les mains des paysans qu'il a hêlé et dirigés sur la plaine où il veut atterrir. Cette ascension était sa 904°. Le moment de la descente est sans contredit le plus dangereux, mais c'est aussi celui où l'homme se sent le plus fort et le plus grand dans sa lutte victorieuse contre les éléments.

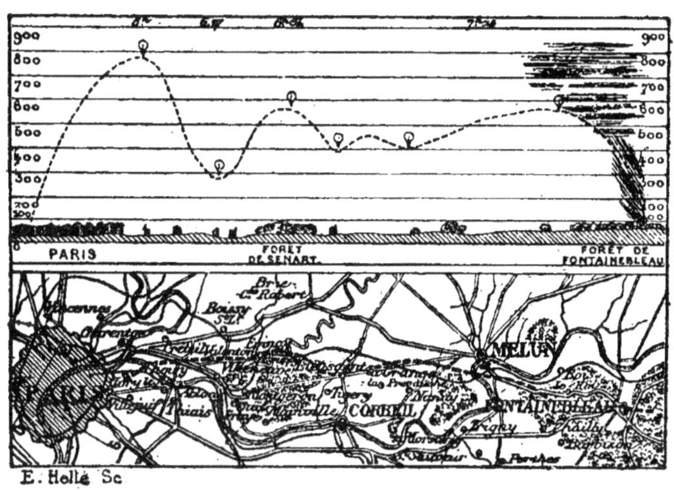

Premier Voyage aérien. — De Paris à Fontainebleau.

Le bonheur du voyage aérien ressemble à celui qu'on éprouve en rêve, lorsqu'on se sent emporté dans les airs. Cette coïncidence m'a frappé. Seulement *on ne sent pas assez* qu'on vole ; on voudrait aller plus vite, ou du moins sentir que l'on va vite. Il y a enfin une légère inquiétude, qui trouble la tranquillité, et sans laquelle le bonheur serait complet. La petite nacelle d'osier crie au moindre mouvement que nous faisons, et nous nous demandons involontairement si elle va se défoncer, ou si les cordes qui la soutiennent ne pourraient nous causer la surprise de casser un peu. En outre, elle oscille quand on remue et produit un balancement quelquefois désagréable, surtout lorsqu'on se voit ainsi suspendu à plusieurs centaines de mètres au-dessus de la terre ferme. Le simple raisonnement suffit pour faire comprendre que le danger n'est qu'imaginaire, mais il n'en est pas moins vrai que la première ascension produit toujours une certaine émotion, inséparable d'un début. Sans cette préoccupation il n'y aurait pas au monde de locomotion comparable à celle de l'air.

Mais combien la suite de ces voyages ne devait-elle pas m'enthousiasmer d'une ardeur plus vive encore pour les spectacles du monde supérieur ! Cette première excursion ne nous a conduits qu'au vestibule des palais aériens.

II

DEUXIÈME VOYAGE

En voyant amoncelés dans le cabinet de d'A-
lembert les trente-cinq volumes in-folio de l'Encyclopédie, un grand personnage se lamentait
un jour de ce que l'exposition de l'état des connaissances humaines occupât une si grande étendue : — Vous auriez été bien plus à plaindre,
répartit le philosophe, si nous avions rédigé une
encyclopédie négative, une liste des choses que
nous ignorons ; dans ce cas, cent volumes n'auraient certainement pas suffi.

Cette réponse, qui peut paraître un simple

trait d'esprit, est profondément juste. L'astronome qui plonge son regard télescopique dans les cieux inexplorés en reconnaît la vérité ; nul mieux que lui n'en apprécie la valeur, nul, si ce n'est le penseur qui, se trouvant transporté dans les hauteurs de l'atmosphère, voit à chaque essor de l'aérostat tout un monde de merveilles inconnues se déployer sous la contemplation de sa pensée.

Mon deuxième voyage aérien a eu lieu le 9 juin 1867. Il devait se composer de deux étapes : observations à faire dans une zone de 500 à 800 mètres d'altitude, jusqu'au coucher du soleil ; observations à faire en hauteur le lendemain matin au lever du soleil, jusqu'au point le plus élevé que l'aérostat pouvait atteindre dans des conditions particulières. Ces deux voies avaient été calculées suivant la force ascensionnelle du ballon et l'heure des voyages. Le temps le plus magnifique a favorisé mes projets.

On pourrait croire tout naturel que les voya-

ges en ballon se ressemblent, et que faire le récit
d'une ascension c'est en décrire une centaine. Il
n'en est rien. A part quelques impressions ana-
logues et quelques observations identiques que
l'historien doit éviter de redire, chaque excursion comporte en soi un caractère spécial et présente un intérêt particulier. Sur cent voyages
aériens, il n'en est pas deux qui soient suscep-
tibles de faire double emploi.

Les conditions atmosphériques sont si variables, lors même qu'on repasserait par les mêmes chemins, qu'une longue série d'observations
est nécessaire pour permettre de les comparer et
de les discuter. Et ces observations minutieuses
demandent à être faites dans le silence et dans
l'isolement de l'étude, pour être dignes de prendre place au rang des matériaux à utiliser dans
l'avenir par des sciences plus avancées.

Partis à 5 h. 27 m., nous nous élevâmes
obliquement dans la direction du sud-sud-est,
passant sur le phare de l'exposition universelle

et sur le puits artésien de Grenelle. Comme nous traversions le jardin du Champ-de-Mars, le carillon salua notre passage ; son constructeur habile, M. Bollée, nous envoyait son *salve*. A six heures nous planions diamétralement au-dessus de Villejuif, à une élévation de 775 mètres. Ici seulement le bruit de l'océan parisien s'efface ; ici seulement la paix de la nature et la pureté de l'air commencent à se révéler.

A 6 h. 7 m. nous passons au-dessus du village de Thiais. Les cris de la multitude nous apprendraient que nous sommes au-dessus d'un point habité, si nous n'avions remarqué d'avance les petits toits carrés et les petits jardins. Le plus curieux de l'observation est de voir tous les promeneurs arrêtés dans les rues les yeux au ciel, aussi immobiles que la femme de Loth après sa métamorphose en statue de sel.

Mais déjà l'aérostat vole sur les campagnes ; son *ombre* voyage sur les prés verts. Remarque intéressante, d'après mon dessin fait sur place, cette ombre est entourée d'une auréole un peu jaune, presque blonde, qui rappelle le nimbe doré que les saints portent, assure-t-on, dans le paradis, autour de leur tête glorifiée. Cette aurore est plus claire que le fond de la campagne. L'ombre du ballon reviendra demain matin sous un aspect plus extraordinaire et nous offrira plus tard un sujet d'étude tout particulier.

Le courant tourne un peu plus à l'est et nous allons traverser la Seine à Ablon.

Observation curieuse faite au confluent de la Marne et de la Seine : Les eaux de la Marne, aussi jaunes que du temps de Jules César, ne se mélangent pas aux eaux vertes de la Seine qui coulent à gauche du courant, ni aux eaux bleues du canal, qui coulent à droite. J'ai pris le dessin de l'embouchure pour déterminer l'intensité de leurs courants. On voit un fleuve jaune couler entre deux rives verte et bleue : le contraste subsiste entre la Marne et la Seine jusqu'au delà du pont du chemin de fer. Lorsqu'on voyagera définitivement en ballon, quels services ne pourra-t-on pas en recevoir pour le lever des plans et la topographie ?

Sans être obligés de changer nos billets et d'attendre aux bureaux, nous avons quitté la ligne du chemin de fer d'Orléans pour prendre celle de Lyon. Montgeron vient à notre gauche et s'éloigne. Un grand silence nous environne ; il n'est varié que par le murmure des petits êtres ailés qui jasent dans la campagne.

Nous nous faisions part de cette réflexion et nous nous étions laissés descendre à deux cents mètres, en passant au-dessus de la Seine, pour voir les choses d'un peu plus près, lorsque nous entendons au-dessous de nous une voix d'un timbre remarquable : « Descendez là !... descendez là !... Je vous invite à dîner au château. » Nous remerciâmes notre hôte improvisé, et nous traversâmes le château Frayé, en restant quelques minutes à la même hauteur et en jouissant du joyeux spectacle de voir les familles et les groupes disséminés dans la campagne. Les uns retournaient *at home,* les autres dînaient sur l'herbe, d'autres encore faisaient la sieste ; nos regards tombèrent par hasard sur un jeune couple, qui nous a paru du reste fort élégant, mais que nous avons surpris un peu brusquement dans sa rêverie : on voit souvent des choses bien indiscrètes du haut d'un ballon ! Notre observatoire volant glisse sans bruit dans l'air. Jetant un peu de lest, nous nous éloignons à cinq cents mètres au-dessus du paradis *terrestre.*

J'ai dit que nous nous étions laissés descendre. On aura cru peut-être que c'était en tirant la soupape et en perdant du gaz. A Dieu ne plaise ! Le gaz nous sera trop précieux demain matin pour que nous en perdions si gratuitement. L'aérostat descend naturellement dès le moment où il atteint la première hauteur où l'a porté sa force ascensionnelle. Quoiqu'il soit composé de deux enveloppes de soie, il n'est pas complètement imperméable. De plus, sa partie inférieure reste ouverte au-dessus de nos têtes. Lors donc que la chaleur solaire amène une dilatation, le gaz peut s'échapper. Lorsque les couches d'air deviennent plus froides, le soir, l'aérostat se resserre, et occupant un moindre volume, est un peu plus lourd. Il descend donc. Un habile aéronaute ne touche jamais à la corde de la soupape, — si ce n'est qu'il l'entre-bâille au moment de la descente définitive, — il doit s'efforcer de conserver cet équilibre aussi instable que celui de la politique, par le jeu modéré de son lest, et faire en sorte de se maintenir toujours à la même hauteur, ce qui est d'une délicatesse extrême.

En remontant dans l'atmosphère, — entrant sur la forêt de Sénart par Mainville, — nous revoyons Paris au nord-ouest. La Babylone du dix-neuvième siècle est couverte d'une immense poussière blanchie par le soleil. Ce vaste amoncellement de poussière ne nous surprend pas

trop lorsque nous songeons que, en ce temps
d'exposition universelle, cinq millions de pieds
sont occupés à la soulever, sans compter les chevaux et les voitures. Quelques mâts irréguliers
percent au-dessus de cet océan brumeux ; on reconnaît Notre-Dame, la Sainte-Chapelle, le Panthéon, la flèche des Invalides, l'Arc-de-Triomphe. Quel contraste entre cette épaisse fumée et
la pureté de l'atmosphère qui nous environne
au-dessus de la verdoyante forêt !

Nous passons sur des futaies, dont les bali-
veaux paraissent comme une seconde forêt su-
perposée sur la première ; puis ce sont les brous-
sailles. On entend la très simple conversation
des cailles.

Des papillons volent autour de nous. Jusqu'à
ce jour, j'avais pensé que ces petits êtres pas-
saient leur éphémère existence sur le sein de
leurs fleurs bien-aimées, et qu'ils voltigeaient
de bosquets en bosquets sans s'élever à une
grande hauteur dans les airs. La vérité est

qu'ils s'élèvent plus haut que les oiseaux de nos bois, voir même à plusieurs milliers de mètres, comme nous le vérifierons dans la seconde partie de ce voyage. Une autre remarque, c'est qu'ils n'ont pas peur du ballon, tandis que les oiseaux en sont effrayés. Pourquoi ? La grande faiblesse ne saurait craindre la grande force. Peut-être aussi leurs yeux ne voient-ils pas comme les yeux des oiseaux... Ainsi à chaque instant se lèvent mille problèmes inattendus dans ce voyage de découvertes.

A sept heures vingt minutes, une brume légère s'étend comme un voile transparent sur la campagne. La même observation a été faite, mais une heure plus tôt, à notre dernière traversée.

Un train passe au-dessous de nous à Lieusaint. Le dur sifflet de la locomotive fait frémir l'air de son déchirement strident ; la lourde machine jette des cris sourds, le roulement des wagons sur les rails produit un bruit infernal.

Quel tapage et quel remue-ménage, pour aller aussi lentement que notre bulle de gaz qui glisse en silence dans le ciel pur ! Ce convoi a l'air d'une chenille qui se consume en une rage inutile.

Un panorama toujours merveilleux s'étend sous nos regards toujours surpris ! Les vertes campagnes se succèdent, à peine ondulées, car les collines sont aplanies par la hauteur dominante de notre observatoire. Les âpres senteurs des grands bois s'élèvent jusqu'à nous comme une douce atmosphère de parfums. Il semble que nos sens, la vue, l'odorat, l'ouïe soient élevés ici à leur seconde puissance et se trouvent en des conditions toutes spéciales de jouissance. A quelle époque l'homme cessera-t-il enfin de ramper dans ces bas-fonds pour vivre ici dans l'azur et dans la paix du ciel ?

Devant ce spectacle, notre entretien dans la nacelle se reporte insensiblement à l'enthousiasme si naturel éveillé à l'origine de la navigation aérienne. Nous comprenons mieux que jamais la fanfare de 1783. On croyait la conquête du ciel faite désormais par cette invention magique. Confondant le ciel bleu, le ciel météorologique, avec le ciel astronomique, avec l'espace infini au sein duquel se meuvent les mondes, le peuple entrevoyait déjà le jour où l'aérostat continuerait sa route aérienne jusqu'à la Lune... et, qui sait ? peut-être jusqu'à Vénus et Jupiter ?

C'est toujours la même impression qui se manifeste à l'âme du contemplateur accoudé au balcon céleste de la nacelle aérostatique. A mesure que le soleil à son coucher descendait derrière les brumes de l'ouest, en projetant parfois dans les coudes de la Seine des fulgurations qui paraissaient s'élancer d'une rivière de mercure, le ciel prenait autour de nous une teinte plus chaude, et la terre se colorait de rayons obliques rougeâtres, donnant à l'aspect général de la nature un air à la fois plus joyeux et plus sérieux, comme il arrive en certains soirs d'été. La joie était en effet répandue sur ces paysages avec les derniers rayons du soleil, et en même temps c'était comme une invitation au recueillement du soir. On voyait dans toute la campagne les groupes se réunir lentement et se diriger vers les villages. Pringy, Naudy, Saint-Sauveur, Villiers-en-Bière, Perthes, Chailly et leurs bouquets de bois disséminés, passèrent sous nos regards. Les chiens rôdeurs qui, par hasard, levaient le nez au ciel, nous appelaient soudain par des aboiements excentriques. Parfois nous comptions aussi les gens par centaines se dirigeant sous l'aérostat dans l'espérance évidente que nous allions descendre près d'eux.

Consultant exactement le pays, nous nous assurâmes que nous marchions vers Nemours, mais sans pouvoir l'atteindre avant la nuit. Nous n'avions pas d'ailleurs, assez de lest pour traverser la forêt de Fontainebleau. Mes observations du soir étant faites, et les observations du lever de soleil devant être les plus importantes de ce voyage, nous décidâmes de nous laisser descendre sur un ravissant petit village (petit surtout vu du ciel) qui paraissait se reposer avec la nonchalance d'un jeune faune à la lisière de la forêt de Fontainebleau. Ce village était encore à deux kilomètres devant nous.

L'aéronaute tire la soupape une première fois et l'aérostat commence son mouvement de descente ; mais il s'abaisse si lentement que nous n'avons pas parcouru cinq cent mètres dans la verticale pendant dix minutes. Il s'arrête même, et nous ne descendons plus. Cette lenteur me rappelle la première expérience de parachute faite par Garnerin. Avant de se confier lui-même à l'invention nouvelle l'aéronaute avait d'abord essayé l'expérience sur son chien. A un kilomètre de hauteur environ au-dessus des nuages, après avoir placé cet ami dévoué dans le parachute, il coupe la corde : le parachute tombe d'abord comme une pierre, puis s'ouvre comme un parapluie, ralentit son mouvement et disparaît dans les nuages inférieurs. Garnerin tire la soupape et descend lui-même pour assister à l'arrivée du parachute et vérifier la réussite de l'expérience. Tandis qu'il traversait les nuages, une voix bien connue se fait entendre : *houa ! houa ! houa !* L'aéronaute cherche partout dans l'opacité nuageuse sans parvenir à rien distinguer. Il se tait, mais son chien le sent : *houa ! houa ! houa !...* Enfin on sort du nuage, et l'expérimentateur ému voit son fidèle compagnon, les yeux animés, la queue agitée, qui cherche en vain à se rapprocher de lui, et qui finit par rester en l'air en jetant cette fois des cris désespérés : le ballon était descendu plus vite que le parachute ; ils arrivèrent à peu près au même instant à la surface du sol, au grand contentement du serviteur dévoué de l'aéronaute, car il ne s'était jamais vu dans une situation pareille.

Le ciel est resté pur. L'air est d'un calme absolu à la surface de la terre. Nous glissons lentement dans le fluide aérien, et nous approchons insensiblement du sol ! « Descendez, descendez ! Nous allons vous mener à Barbizon... on vous attend pour dîner. » Nous jetons la corde, vers laquelle trois cents personnes, hommes, femmes et enfants se précipitent (quelques nez cassés ne font rien à l'affaire). Elle est bientôt retenue par une cinquantaine de bras ; mais nous n'éprouvons pas la plus légère secousse, car l'air est si calme que l'aérostat glisse comme une plume. Godard monte alors à la tribune, ordonne de marcher vers le chemin pour ne pas endommager les champs — recommandation que tous comprennent comme un seul homme. On arrive sur la route, et l'on nous amène ainsi à 150 mètres du sol, jusqu'à l'entrée de Barbizon, la célèbre cité des artistes et des chasseurs. Les cors de chasse sont en avant, et conduisent la marche par leurs éclatantes fanfares que les échos de la forêt répercutent.

Si j'étais roi… de Béotie, je voudrais ne plus faire d'autre entrée triomphale que par la voie des airs, et j'ordonnerais à mes Béotiens de me remorquer ainsi, les grands jours, à mon palais étonné.

Nous descendîmes avec une royale lenteur. Les dames en villégiature à Barbizon étaient fort désireuses de ressentir quelle émotion on éprouve en aérostat ; personne n'ignore combien les filles d'Ève sont infatigablement curieuses de sensations nouvelles. Godard les enleva donc en ballon captif à 150 mètres d'élévation, pendant que je plaçais mes instruments en leurs fourreaux, que j'entrais en relation avec de célèbres peintres accourus à notre rencontre.

Combien cet atterrissage était différent du premier ! l'autre jour la tempête, aujourd'hui le calme le plus complet. On fit reposer la nacelle à côté du chemin et on la chargea de pierres. Deux hommes montèrent la garde pendant la nuit pour éloigner tout accident. Notre but était de reprendre la route des airs le lendemain matin dès la première heure : nous étions descendus avec 100 kilog. de lest, dont 70 représentés par un ami qui devait rester à terre, et puis nous pouvions aussi compter sur la chaleur du soleil pour redilater l'aérostat.

On accourait de toutes parts, et toute la soirée on vint en pèlerinage admirer notre ballon trônant à l'extrémité de la Grand'Rue, dans le ciel occidental. Diaz, l'illustre peintre, s'amusa même à dessiner un indigène placé de profil à quelques mètres devant lui, la main droite étendue, de telle sorte que le ballon debout dans la campagne semblât une magnifique toupie tournant sur la main du bonhomme.

Le charme de cette excursion aérienne développa encore dans ma pensée l'amour des voyages aéronautiques. J'aspirais au bonheur de faire une ascension dans les hauteurs de l'atmosphère, jusqu'aux régions où la diminution de la densité de l'air devient appréciable pour les poumons, et où l'aérostat solitaire se trouve absolument isolé de la sphère de la vie et du mouvement terrestre. J'aspirais aussi à la satisfaction de prolonger longuement mes observations scientifiques dans le sein de l'atmosphère pendant des jours, pendant des nuits entières. La suite de mes études devait réaliser une grande partie de ces espérances, mais non les satisfaire, car plus l'on voit, plus l'on désire, plus on entre dans l'infini des choses à connaître, et plus on s'aperçoit que l'on ne sait rien.

Les problèmes multiples qui se rattachent à la météorologie sont d'ailleurs si nombreux et si peu connus, qu'il ne faut songer à les résoudre qu'après de longues et patientes observations. Qu'est-ce qu'un seul voyage aérien pour une telle étude ; c'est une expérience isolée qui bien difficilement peut être fructueuse. La science de l'air ne sera définitivement créée que lorsqu'on se décidera à multiplier les ascensions aérostatiques, à les répéter fréquemment sur plusieurs points des continents, et comparativement avec de nombreuses observations terrestres. Toutefois une série de voyages régulièrement organisés doit conduire à des faits nouveaux et intéressants, et en dehors du programme que l'on s'est tracé à l'avance, il y a souvent mille phénomènes inattendus qui s'offrent à l'œil de l'aéronaute, et qui peuvent devenir l'objet de remarques curieuses.

A ceux qui jugent frivoles les excursions aéronautiques et qui les considèrent comme indignes de la sévère attention des sciences, je répondis dès cette époque par les paroles suivantes d'Arago au sujet de Gay-Lussac : « De belles découvertes, dit-il, attendent les voyages scientifiques en ballon. Il est vraiment regrettable que les ascensions exécutées toutes les semaines, avec des dispositions de plus en plus dangereuses et qui, on peut le prévoir avec douleur, finiront par quelque terrible catastrophe, aient détourné les amis des sciences de leurs voyages projetés. Je conçois leurs scrupules, mais sans les partager. Les taches du soleil, les montagnes de la lune, l'anneau de Saturne et les bandes de Jupiter n'ont pas cessé d'être l'objet des investigations des astronomes, quoiqu'on les montre pour dix centimes sur le terre-plein du Pont-Neuf, au pied de la colonne Vendôme et en d'autres points. Le public maintenant si judicieux, si éclairé, ne confond pas ceux qui, dans un but de lucre, exposent journellement leur vie, avec les astronomes courant les mêmes dangers pour arracher à la nature quelques-uns de ses secrets ! »

Celui qui se livre avec amour à la contemplation de la nature et à l'étude de l'univers, ressent d'ailleurs une joie si pure et un bonheur si intime, qu'il est payé par cela seul de ses fatigues, et n'ambitionne point d'autres suffrages que le témoignage de son propre plaisir.

Une fois qu'on a goûté le charme des grandes scènes de l'air, on voudrait toujours planer au-dessus des nuages floconneux ; l'aéronaute semble être appelé sans cesse dans les plages aériennes, par une attraction secrète analogue à celle que la mer exerce sur le marin.

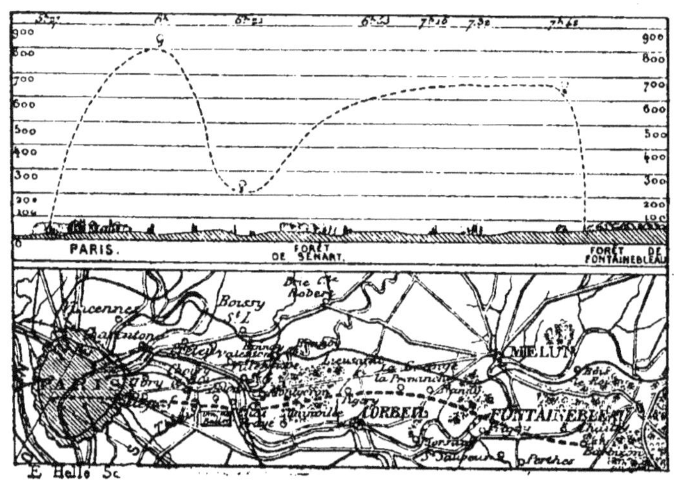

Deuxième Voyage aérien. — De Paris à Barbizon.

III

ASCENSION MATINALE. — LE CIEL BLEU

L'atmosphère respirable.— Variation de l'humidité dans l'air.— Effet curieux produit par l'ombre du ballon. — Aspect de la terre à trois mille mètres de hauteur. — Derniers bruits de la terre. — Solitude étrange. — Terreur des paysans à la descente.

Notre aérostat a passé la nuit, tout gonflé à la lisière de la forêt de Fontainebleau.

Le soleil va se lever. L'atmosphère est d'une pureté rare. La campagne est tout imprégnée de la fraîche odeur des prés et des bois.

Nous levons l'ancre à 3 heures 55 minutes du matin, nous élevant avec une extrême lenteur. Les villageois matineux, qui, rangés en cercle autour du point que nous venions de quitter, nous regardaient partir, formaient un groupe d'une ressemblance frappante avec celui que certains peintres ont représenté entourant l'ascension de Jésus.

L'aérostat passe sur le village, à moins de cent mètres de hauteur. En nous sentant, ou en nous apercevant, les chiens se mettent à pousser des aboiements étranges, les dindons gloussent, les volailles crient. Effrayés de notre apparition, ces animaux traversent avec précipitation les basses-cours et s'enfuient épouvantés ; des bandes de corbeaux se sauvent en poussant des croassements plaintifs.

De vastes prairies paraissent inondées ; elles sont simplement couvertes de brouillards blancs, qui de loin offrent l'aspect de grands.lacs. Lorsque nous passons au-dessus de ces brouillards, ils semblent un duvet tombé sur les campagnes.

La direction du courant qui nous emporte fait presque un angle droit avec celui qui nous a amenés hier. Nous marchions vers le sud-est ; nous allons maintenant au sud-ouest. C'est le courant inférieur ; un peu plus haut, il devient sud-sud-ouest, et, plus encore, nous emportera tout à fait au sud. En redescendant, nous retrouverons les directions sud-sud-ouest et sud-ouest, de sorte que notre ligne trace, en projection horizontale, une sorte d'S très allongé.

A la surface du sol, depuis le coucher du soleil, le calme est absolu. Plus nous nous éloignons de la terre, et plus le courant est rapide. C'est généralement l'opposé pendant le jour et surtout avant et après midi.

Notre traversée matinale est accompagnée du chant des alouettes. Nous passons au-dessus d'une côte de rochers rougeâtres, qui de loin ressemblent à des feuilles d'automne. Une brume générale très légère se fait distinguer au-dessous de nous. Le ciel est absolument pur, mais l'horizon et terminé par une zone de vapeurs grisâtres à 120 mètres de hauteur ; nous nous élevons au-dessus de cette zone.

L'humidité de l'air était grande au départ ;

93 degrés à l'hygromètre. Cependant elle a augmenté à mesure que nous nous sommes élevés, jusqu'à 150 mètres, zone où elle atteignit 98 degrés. A partir de là, elle diminue. A 280 mètres, nous avons 93 degrés d'humidité, c'est-à-dire la même qu'au sol de notre point de départ ; 92 à 300 mètres. A 650 mètres, nous avons 86 degrés ; à 1100 mètres, 65 ; à 1168 mètres, 64. L'air devient plus sec à mesure que nous montons.

De petits papillons blancs ont voltigé autour de nous à mille mètres de hauteur.

Un phénomène singulier se produit à propos de *l'ombre du ballon*. Cette ombre, que nous avons vue voyager hier soir sur les campagnes, et qui était *noire*, ronde, enveloppée d'une pénombre légère et d'une vaste auréole, est maintenant *blanche*. C'est une vaste clarté qui paraît mesurer plusieurs hectares, elle occupe plus d'espace que la ville de Milly. Cette clarté me paraît si surprenante, que je ne consens à l'accepter qu'après une demi-heure d'observation et après avoir bien constaté qu'elle est toujours à l'opposite du soleil et voyage avec nous. L'espace boisé ou cultivé sur lequel tombe cette ombre lumineuse est plus éclairé que le reste exposé à la seule lumière du soleil.

L'aérostat ferait-il l'effet d'une immense lentille ? Le phénomène fut observé jusqu'à sept heures quinze minutes. L'ombre devint alors invisible. A sept heures trente-deux minutes, elle était noire, mais sans auréole. L'observateur qui se serait trouvé sur le passage de cette ombre aurait été surpris par une éclipse de soleil d'un caractère particulier. On croirait, d'après l'observation précédente, que l'éclipse eût été lumineuse ; mais on verra, par l'observation plus attentive du même phénomène, que cette ombre, en apparence lumineuse, est un anthélie.

La forêt d'Orléans se dessine au sud-ouest : au delà, on aperçoit la ville illustrée par Jeanne d'Arc : on distingue les tours et les deux ponts

4.

blancs. La limite de l'horizon s'étend à une immense distance au delà. Nous cherchons quel temps le son mettrait à revenir de la terre, mais nous avons beau envoyer nos plus belles notes de poitrine, notre voix est trop éloignée maintenant pour descendre jusqu'au sol vulgaire : l'écho ne revient plus.

Nous entendons cependant le sifflet d'une locomotive éloignée. Il y a mieux : des aboiements s'élèvent jusqu'à nous, venant du village de Coudray, et nous distinguons assez bien le chant guttural d'une poule qui vient de pondre.

Les routes sont réduites à de minces et longs fils. Les villages innombrables, que l'on pourrait compter par centaines, disséminés sur la campagne, sont semblables à de petites miniatures lilliputiennes. La Seine reluit à l'est, vers le soleil, à Melun ; la Loire se dessine au sud-ouest, à Cosne, Châtillon, Briare, Gien, Sully, Châteauneuf, Orléans, Beaugency, Saint-Dié ; l'horizon circulaire embrasse la vaste nappe.

A 1750 mètres d'altitude, des papillons voltigent encore autour de nous. Que viennent-ils faire à cette hauteur? Ont-ils été emportés par l'aérostat? Est-ce le vent qui les transporte en ces régions éthérées? Quoi qu'il en soit, ils volent comme s'ils étaient dans leur atmosphère.

La vallée boisée et verte qui s'étend à l'ouest de Pithiviers jusqu'à Malesherbes ressemblait pour nous à une rivière, et Pithiviers à un dé à jouer déformé. J'en ai pris le dessin sur mon journal de bord. La ligne sinueuse et fourchue qui nous paraissait une mince rivière est une vallée qui a six ou sept cents mètres de large.

La force ascensionnelle augmente toujours. Les aboiements des chiens, affaiblis, se laissent encore percevoir, comme en songe, pour la dernière fois ; la chaleur du soleil paraît plus intense, sur notre visage ; le froid s'accentue sous nos pieds dans la nacelle ; aucun souffle d'air ne vient tempérer l'ardeur de l'astre éclatant. Nous entrons sur la forêt d'Orléans, que nos regards embrassent dans son ensemble, et dont les avenues, se coupant sous divers angles, se dessinent très nettement. L'esquif aérien, s'élevant toujours, vogue bientôt à 2400 mètres au-dessus de la terre ; à 6 heures 20 minutes, il s'élève à 2700 mètres ; à 6 heures 30 minutes, notre altitude est de 3000 mètres. Nous avons dépassé la hauteur de l'*Olympe,* de cette antique et solennelle montagne mythologique de Thessalie qui, mesurée récemment, n'a que 2906 mètres d'élévation, et ne touche pas au ciel, comme le croyaient les contemporains d'Homère. A 6 heures 38 minutes, la bulle de gaz à laquelle nous sommes suspendus flotte à 3300 mètres de hauteur perpendiculaire au-dessus de la Loire.

L'aspect géométrique de la terre paraît paradoxal. La terre étant un globe sphérique, il semble que, en s'élevant au-dessus de la surface, on devrait avoir peu à peu la sensation de cette sphéricité ; il n'en est rien, et c'est même un effet tout contraire qui se produit à mesure que l'on monte. Au lieu de s'élever au-dessous de nous, comme la théorie l'enseigne, le globe s'aplatit et *se creuse*, de telle sorte que nous nous trouvons insensiblement au milieu de deux verres concaves, le ciel et la terre, qui se soudent à notre horizon, mais dont la double concavité est fortement accusée au-dessous comme au-dessus de nous. Cette effet s'explique par la perspective, l'horizon paraissant se maintenir constament à la hauteur de l'œil.

Ici se déroule sous nos regards charmés un panorama magique que les rêves les plus téméraires n'oseraient enfanter. Le centre de la France se déploie au-dessous de nous comme une plaine illimitée, diversifiée des nuances et des tons les plus variés, que de nouveau je ne puis mieux comparer qu'à une splendide carte géographique. On distingue fort bien le fond de la Loire et l'on suit au loin le cours du fleuve. L'espace est partout d'une limpidité absolue. Dans ce ciel bleu, je me lève, et, les bras ap-

puyés sur le bord de la nacelle comme sur un
balcon céleste, je laisse mes regards tomber
dans le vide immense...

Là-bas, à dix mille pieds au-dessous de moi,
la vie déploie son rayonnement universel ;
plantes, animaux, hommes, respirent ensemble
dans la couche inférieure de ce vaste océan
aérien ; ici déjà décroît la puissance de la vie ;
là-bas palpite à l'unisson le cœur de tous les
êtres ; là-bas se mêlent les parfums des fleurs ;
là-bas murmure la mélodie des existences ; là-
bas, du limon nourricier de la terre maternelle
s'élèvent les épis et les vignes, les roseaux et
les chênes, et dans cet air, principe et soutien
de la chaleur vitale, se perpétue le concert de
l'inextinguible existence.

Mais dans les hauteurs où plane ce navire
léger comme l'air, en ce chemin invisible où
l'homme passe pour la première fois, nous n'appartenons déjà plus au règne de la terre vivante.
Nous contemplons la nature, mais nous ne

reposons plus sur son sein. Le *silence* absolu règne ici dans sa morne majesté. Nos voix n'ont
plus d'écho, nous sommes environnés d'une
étrange solitude.

Un silence si profond et si terrifiant domine
en ces régions isolées que l'on est porté à se demander si l'on vit encore. Ce n'est pourtant pas
la mort qui règne ici : c'est l'absence de vie. Il
semble que l'on ne fasse plus partie du monde
d'en bas. L'aérostat étant en repos absolu dans
l'air qui marche, l'immobilité qui nous enveloppe se propage jusqu'à notre esprit. Contem-
plateurs isolés de la scène de la nature, descen-
dons-nous des cieux? Abordons-nous une planète habitée dont la magnificence se révèle en
ce panorama merveilleux ? Combien elle est
admirable, cette vaste scène de la nature vers
laquelle nous allons descendre ! Quelle paix et
quelle richesse ! Qui oserait croire que, dans une
résidence aussi belle, l'homme vit dans le dédain
et l'ignorance de ces splendeurs, et que ce para-

site a mis tous ses efforts à faire naître la guerre et le mal sur le sein de la beauté et de l'amour?

Oui, le silence qui règne en ces profondeurs est véritablement solennel ; c'est le prélude du silence des espaces interplanétaires, de l'immensité silencieuse, noire et glacée, à travers laquelle les mondes gravitent en cadence. Le ciel est d'une teinte toute nouvelle pour nous, sa lumière augmentant insensiblement jusqu'à l'horizon.

Plus nous nous élevons vers l'espace extérieur, moins est épaisse la couche d'air qui nous sépare de l'espace noir, moins le voile aérien est épais, et plus le ciel s'assombrit. A trois mille mètres de hauteur, on a déjà dépassé *plus d'un tiers* de l'atmosphère en poids. Il n'y a donc rien de surprenant à ce que le ciel nous ait paru si noir, et insensiblement dégradé jusqu'à l'horizon inférieur. La décroissance de l'humidité ajoute son propre effet à celui de la diminution de l'air pour diminuer l'intensité de l'éclat azuré du ciel supérieur.

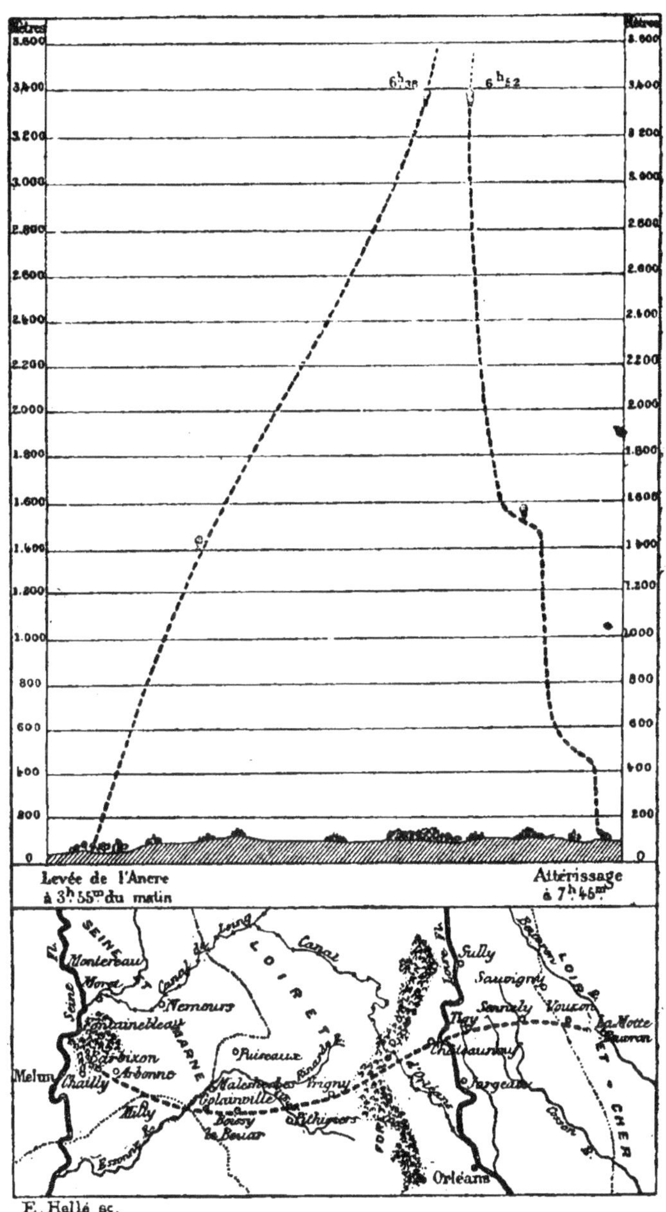

E. Hallé sc.

Troisième Voyage. ASCENSION MATINALE, 4 heures à 8 heures du matin.
(18 juin 1867).

La couleur bleue de l'air se laisse déjà distinguer au-dessous de nous comme un léger voile. A mesure que nous nous sommes élevés, la sécheresse de l'air s'est accrue. Nous avons pendant longtemps plus de 15 degrés de différence de température entre nos jambes et notre tête.

L'un des résultats de mes voyages scientifiques en ballon est d'avoir constaté que la couleur bleue du ciel est due principalement à la *vapeur d'eau* répandue dans l'air, et que de trois à quatre mille mètres de hauteur, cette vapeur d'eau a déjà diminué des trois quarts de sa densité dans le voisinage du sol.

Je ne m'attendais pas à subir le moindre malaise et je ne sais trop pourquoi quelques troubles sont venus interrompre notre bien-être. A six heures quarante-cinq minutes, je sentis une sensation singulière de froid intérieur et de torpeur ; je respirais difficilement, des tintements sourds et des bourdonnements s'agitèrent dans mes oreilles, et pendant une demi-minute j'éprouvai de fortes palpitations. Quoique ce dernier effet ait sur l'organisation une influence dont on ne peut se défendre, il m'inquiéta fort peu, car mon cœur a la mauvaise habitude d'accélérer ses battements très facilement, et pour des causes qui ne le méritent pas. L'embarras de la gorge et de l'ouïe provenait sans doute de la sécheresse rapide de l'air. Je pris un verre d'eau qui me causa le plus grand bien. En débouchant la bouteille à demi remplie, le bouchon s'échappa avec bruit, comme d'une bouteille de champagne.

Je me gardai bien de rien témoigner à Godard des malaises que je commençais à éprouver, lesquels, du reste, cessèrent bientôt : j'avais le secret désir de monter aussi haut que possible. Malheureusement mon aéronaute fut pris d'une autre espèce de désagrément et se pencha sur le bord de la nacelle, dans la position d'un débiteur qui a quelque chose à restituer à la terre et qui ne saurait le garder plus longtemps sur le cœur. Il n'en fit rien cependant, et ce n'était là qu'une simple velléité.

Elle fut cause d'une nouvelle observation. Au milieu du sépulcral silence, les efforts et les sons gutturaux se répercutaient avec un timbre criard dans l'aérostat suspendu au-dessus de nous, ouvert comme on sait dans sa partie inférieure. C'était comme une vaste salle de 800 mètres cubes, vide et lugubrement sonore. Je me mis alors à jeter dans l'espace de fortes notes, et ce ne fut pas mon moindre étonnement d'entendre que si le son ne revenait plus de terre, il m'était renvoyé avec une sorte d'aigreur et d'ironie par l'impassible aérostat.

A quelle hauteur étions-nous alors ? je ne saurais le préciser. En voulant placer une planche sur la nacelle pour écrire plus commodément et en écartant les bords, la planchette lancée par un faux mouvement avait heurté le baromètre à mercure suspendu à l'extérieur. Le tube s'était brisé en morceaux et le mercure était tombé dans l'espace. Le baromètre anéroïde étant arrivé à l'extrémité de son cercle, ne fournissait plus aucune indication. Nous devions planer entre 3500 et 4000 mètres.

Le soleil paraît moins éclatant, probablement à cause de l'absence de surfaces réfléchissantes autour de nous. L'aérostat pivote de temps en temps sur lui-même et le soleil est tantôt devant nous, tantôt de côté, tantôt en arrière, quoique notre ligne ne varie pas. Lorsque, debout dans la nacelle, on cherche à distinguer quelques petits détails de la terre, tels qu'un pays, un bois, on s'aperçoit qu'on tourne parfois sur soi-même.

Je n'apprendrai rien à nos lecteurs en leur rappelant que la voûte bleue du ciel n'existe pas. Si cette voûte existait en réalité, les ascensions aéronautiques n'en seraient que plus captivantes, car ce ne serait pas un médiocre intérêt pour notre curiosité d'aller toucher de nos mains ce plafond d'azur au-dessus duquel serait installé l'empyrée et, pour ma part, j'ai parfois regretté, surtout en cette ascension-ci, de ne pouvoir me transporter un peu jusqu'au paradis. Quelle nouvelle source d'instruction ! Mais dans notre condition actuelle, il faut sortir de cette vie, et lorsqu'on s'y trouve bien, on n'éprouve qu'un médiocre désir de tenter l'aventure. Privons-nous donc encore du bonheur d'atteindre le paradis.

Nos instruments n'indiquant pas la hauteur, Godard songea alors à tirer la soupape pour redescendre un peu. Il m'avoua que, dans ses 905 ascensions, il n'était jamais monté à cette altitude. N'étant plus en pays de connaissance, l'homme prudent tient absolument à redescendre. Hélas ! lui qui a la modestie de s'intituler mon cocher, et que j'aime mieux appeler mon automédon aérien, voici qu'il me refusa l'obéissance ; sa main perfide se suspendit à la corde de la soupape !...

Au même instant, nous entendîmes un fort sifflet de locomotive. Nous venions alors de traverser la Loire à Châteauneuf ; nous cherchâmes en vain de quel chemin de fer venait le sifflet ; il ne venait pas de si loin, mais simplement de quinze mètres au-dessus de nous : le gaz, en s'échappant, sifflait comme la vapeur.

Il nous fallut ouvrir la porte du gaz à plusieurs reprises et en laisser échapper plus de dix mètres cubes pour que le baromètre-anéroïde arrêté commençât à indiquer un léger mouvement de descente. Lorsque l'aérostat est à son maximum de dilatation, et il l'était alors, mettre du gaz en liberté équivaut à jeter du lest, car c'est alléger l'aérostat ; de telle sorte qu'au lieu de descendre, le ballon remonte un instant.

Après avoir perdu la quantité notable de gaz dont je viens de parler, l'aérostat descendit de la hauteur inconnue à laquelle il planait. Arrivé à 3300 mètres, l'aiguille du baromètre-anéroïde, arrêtée depuis quatorze minutes à l'extrémité de sa course, reprit sa marche en sens inverse, et tourna le long du cadran avec une vitesse visible à l'œil. Nous descendîmes en effet très rapidement.

Mes bourdonnements d'oreilles recommencent. Ils deviennent plus intenses et plus pénibles. Je n'arrive pas à atténuer cette souffrance ; elle devient plus vive, au contraire, et bientôt c'est une douleur véritable, comme si les nerfs de l'oreille étaient tiraillés par des pinces. Cette souffrance dura dix minutes et s'éteignit peu à peu. — Une demi-heure après être arrivé à terre, je fut pris d'un bâillement colossal. L'air parut seulement rentrer dans l'oreille intérieure comme des flots intermittents.

Nous descendions avec une rapidité croissante, et nous dûmes nous alléger coup sur coup de deux sacs de dix kilogrammes de lest pour ne pas tomber trop vite. Puis nous glissâmes en silence, suspendus à quelques centaines de mètres seulement au-dessus des marais de la Sologne, qui miroitaient au soleil comme des nappes de mercure.

Tout à coup nous entendons des enfants qui gardaient les troupeaux, et des femmes qui étaient aux champs jeter des cris lamentables. Levant les mains vers le ciel, ils s'enfuyaient épouvantés, poussant leurs troupeaux devant eux et cherchant un refuge dans la fuite. Le ballon descend obliquement en grossissant de plus en plus, et les oriflammes qui flottent de chaque côté ont été prises pour des mains bizarres, pour des tentacules. C'est une pieuvre formidable qui descend des nues. *C'est le diable ! le diable !...*

En vérité nous ne nous expliquons pas de pareilles superstitions à notre époque. Comment a-t-on pu supposer qu'un aérostat ressemble à Belzébuth, quand on n'a jamais vu celui-ci ! Comment justifier surtout cette idée irrévérencieuse de croire que *le diable puisse descendre du ciel ?*

Quelques minutes après, ce monstre avait rendu l'âme : il était dégonflé, ployé et posé sur un char (lisez charrette), et nous nous dirigions vers la gare de la Motte-Beuvron (Loir-et-Cher), assis sur ce merveilleux tissu qui, tout à l'heure, nous tenait suspendus à plus de trois mille mètres de hauteur.

Ainsi passent les gloires d'en bas, et même les gloires d'en haut !

IV

QUATRIÈME ASCENSION ·

Ma quatrième ascension, du mardi 18 juin 1867, fut dirigée vers l'ouest dès le moment de notre départ.

Si l'arc de l'Étoile est la porte la plus imposante de la grande cité, l'ouest est également la voie aérostatique la plus magnifique pour sortir de la métropole ; aucune route ne vaut celle-là. A peine avons-nous salué ceux que nous laissons à terre, à peine avons-nous reconnu que nous n'appartenons plus au sol, que déjà nous planons sur ce jardin coquet et verdoyant qu'on appelle encore le bois de Boulogne. Les pièces d'eau se mirent sous un ciel bleu, bordées de leurs cadres verts ; quelques voiles blanches flottent à leur surface, comme autant de cygnes ; de minces sentiers d'or sillonnent le grand parc suivant des courbes harmonieuses. Divisé par nuances et par groupes de plantations distinctes, le bois nous offre la couleur de l'émeraude variant sous des facettes et sous des transparences différentes ; mais cette belle nappe de verdure n'est pas « un plat d'épinards » comme les tableaux de MM. X... et Y....; on voit que l'homme n'a pas seul travaillé ici, mais que la nature a donné à l'œuvre de l'art la vie véritable.

Deux hirondelles qui arrivaient de loin vers nous s'en retournent effrayées.

Les vertes avenues ont passé, et sous nos yeux apparaît le parc du mémorable château de la Muette. C'est là que s'accomplit, le 21 octobre 1783, à une heure de l'après-midi, le *premier voyage aérien;* c'est là que les hommes osèrent s'abandonner pour la première fois à l'inconnu de l'espace atmosphérique [1].

Vous vous souvenez, cher lecteur, que le roi Louis XVI n'accorda qu'à grand'peine la permission de s'élancer vers un monde aussi nouveau. Il craignait que les voyageurs ne fussent trompés par la région perfide des météores, qu'ils ne périssent égarés dans le mystère, et que le feu de la montgolfière ne mît leur vie en danger ou semât l'incendie sur son passage.

[1]. L'invention des ballons a été faite par Joseph Montgolfier en 1783. La première expérience publique d'un globe enlevé dans les airs après avoir été gonflé d'air chaud, a été faite le 5 juin 1783 à Annonay par les frères Montgolfier devant les États Généraux du Vivarais. L'enthousiasme indescriptible allumé par l'ascension du premier ballon à Annonay rayonna de toutes parts. Dès le 27 août, les Parisiens lançaient une montgolfière, du Champ-de-Mars. Un nouveau lancement fut fait officiellement le 19 septembre à Versailles par les frères Montgolfier eux-mêmes; on attacha une nacelle, portant un mouton, un canard et un coq. La première montgolfière montée par des hommes s'éleva de la Muette le 21 octobre, et le premier aérostat à gaz hydrogène s'éleva des Tuileries le 1er décembre de cette même année 1783, monté par le physicien Charles, son inventeur, — lequel, remarque assez curieuse, ne recommença jamais.

Le roi permit seulement qu'on essayât l'expérience avec deux condamnés à mort que l'on embarquerait dans la nacelle. Mais Pilâtre des Roziers, le premier aéronaute, s'indigne à l'idée seule que « de vils criminels aient les premiers la gloire de s'élever dans les airs ». Il conjure, il supplie et arrive à faire, en compagnie de son ami le marquis d'Arlandes, la première ascension en montgolfière. C'est de cette cour que le globe aérien s'éleva pour traverser Paris ; c'est là que Benjamin Franklin en signa le procès-verbal.

Hélas ! deux ans plus tard, le jeune héros payait de sa vie la tentative imprudente de traverser la Manche à l'aide de l'aéro-montgolfière. A peine s'était-il élevé dans l'atmosphère que le ballon se déchira sur une étendue de plusieurs mètres et que le feu prit à l'enveloppe. L'infortuné jeune homme tomba à trois cents pas de la mer, ses os furent broyés. Il était âgé de vingt-huit ans, et devait épouser à son retour

une jeune pensionnaire d'un couvent de Boulogne qui, si l'on en croit le récit du temps, expira elle-même en convulsions huit jours après
la catastrophe qui lui avait ravi son fiancé.

Mais à peine ma mémoire s'est-elle reportée
à cette histoire, à laquelle je me sens particulièrement intéressé en passant au-dessus de ce
parc, que déjà l'aérostat nous a portés sur le
château de Saint-Cloud. Nous traversons la
Seine et nous passons au-dessus du parc réservé, là où s'élevèrent aussi le futur Charles X et
le père de Louis-Philippe, en 1784, au moment
où le char de l'État chancelant invitait à chercher plus haut un équilibre moins instable.

C'est à propos de cette ascension du duc de
Chartres (Philippe-Égalité), le 15 juillet 1784,
au parc de Saint-Cloud, qu'en raison des dettes
proverbiales du prince, une dame d'un cœur
aussi excellent que gracieux, Mme de Vergen-
nes, avait fait courir le bruit que « si le duc
s'était décidé à cette ascension, ce n'était ni par

amour de la science ni par un acte de courage, mais simplement pour trouver le seul moyen possible de *se mettre au-dessus de ses affaires.* » Le duc, piqué, retourna le compliment à la dame, mais sous une forme un peu offensante pour le beau sexe, et que je n'ose vraiment pas transcrire ici : le jeu de mots est trop cru.

Parti à 5 heures 14 minutes, notre aérostat se trouvait à 5 heures 25 minutes à 600 mètres de hauteur au-dessus de Boulogne. En cette région, l'hygromètre indiquait 60 et 61 degrés d'humidité au lieu de 57 qu'il marquait à 460 mètres. Le thermomètre avait baissé de 4 degrés. C'est probablement à l'humidité de cette légion de l'atmosphère que nous devons le fait suivant :

L'aérostat suspendit son mouvement ascensionnel, et descendit avec une grande rapidité. Nous jetâmes en deux minutes vingt kilogrammes de lest, malgré lesquels l'aérostat s'abaissa en trois minutes de 600 à 230 mètres.

Nous traversâmes la Seine à cette faible hauteur, et grâce à quelques nouveaux kilogrammes de lest, nous remontâmes ensuite lentement à 1100 mètres. C'est à cette élévation que nous passâmes au-dessus de Versailles.

La succession de paysages qui se déroulait sous nos regards est la plus charmante des environs de Paris; elle est aussi la plus mémorable dans les fastes de l'aérostation. C'est à Versailles, dans la grande cour du château, qu'eut lieu le premier essai de transport aérien, sous les yeux de Louis XVI et de Marie-Antoinette, le 19 septembre 1783. Au globe construit par les frères Montgolfier, on avait attaché une cage d'osier dans laquelle un mouton, un coq et un canard avaient été réunis. Je trouve dans les *Mémoires secrets* de Bachaumont une curieuse lettre de Versailles, en date du 19 septembre : « Lorsqu'on trouva le panier et le ballon au bois de Vaucresson, y est-il dit, le mouton mangeait tranquillement, le canard paraissait n'avoir pas souffert, mais le coq s'était cassé la tête. » Le *Tintamarre* de l'époque publia un dialogue aérien assez curieux entre ces trois premiers passagers : Le canard restait incrédule, le mouton se déclarait satisfait, mais le coq était mélancolique... ne pouvant se consoler de l'éloignement de ses poules abandonnées.

C'est après cette première ascension « *in animâ vili* » que Pilâtre des Rosiers s'élança dans les airs en acclamant LA CONQUÊTE DU CIEL. Cette inscription brodée en lettres flamboyantes sur l'étendard de l'aérostation, n'a pas paru exagérée à ceux qui ont assisté à l'enthousiasme allumé par l'ascension de la première montgolfière. Dans l'histoire entière de l'humanité, jamais découverte n'excita pareil applaudissement. Jamais le génie de l'homme n'avait remporté un triomphe à l'apparence plus éclatante. Les sciences mathématiques et physiques recevaient le plus magnifique des témoignages, sous lequel on saluait l'aurore d'une ère inattendue. Désormais l'homme régnait en maître sur la nature. Après avoir asservi le sol à sa puissance, après avoir fait courber la tête frémissante des vagues sous la carène de ses navires, après avoir arraché la foudre au ciel, il allait, triomphateur sublime, prendre possession des célestes domaines. L'imagination à la fois orgueilleuse et confondue ne distinguait plus aucune limite à cette puissance, les portes de l'infini s'étaient écroulées sous le dernier coup de pied de la témérité humaine : la plus grande des révolutions venait de sonner au cadran séculaire des destinées.

Il faut avoir assisté à la frénésie de cet enthousiasme pour s'en rendre compte. Il faut avoir vu Montgolfier à Versailles, le 19 septembre 1785, ou bien les aéronautes aux Tuileries. Paris n'avait qu'une voix pour acclamer les conquérants de l'espace céleste, et alors comme aujourd'hui la voix de Paris donnait le signal à la France et la France le donnait au monde.

Nobles et roturiers, savants et ignorants, grands et petits, le cœur de tous battait d'un seul battement. Les rues débordaient de chansons, les librairies débordaient d'images et d'estampes, les salons ne s'entretenaient que de la nouvelle *machine*, le poète se délectait déjà dans la contemplation supérieure des vastes scènes de la création, le prisonnier songeait à son évasion nocturne, le physicien visitait le laboratoire de la foudre et des météores, le géomètre dressait le plan des villes et des royaumes, le général observait la disposition du camp ennemi ou faisait pleuvoir la mitraille sur la ville assiégée ; le gouvernement occulte donnait un nouveau service aux agents de la maréchaussée, le jeune garde-française s'envolait au ravissement de la fleur du castel, l'esprit fort proclamait un nouvel empiétement sur le domaine de Dieu, la piété craintive tremblait à l'approche des temps, le savant enregistrait un nouveau chapitre aux annales des connaissances humaines. Nul ne restait indifférent. Revoyez sous un coup d'œil général la marche progressive de l'esprit humain depuis les périodes les plus reculées jusqu'à nos jours : ni les chefs-d'œuvre de l'art et de l'éloquence, ni les législations souveraines, ni les conquêtes du sabre, ni la locomotive, ni le télégraphe ne suscitèrent mouvement comparable à celui-là. C'était l'audace humaine, altière et victorieuse, brillant au rang d'étoile dans l'immense étonnement des cieux !

Lorsque le premier ballon à gaz s'éleva des Tuileries, monté par Charles et Robert, la marquise de Villeroy, octogénaire et sceptique (car, disait-elle, ce serait là tenter Dieu lui-même) se laissa rouler dans son fauteuil jusqu'à une fenêtre du château, convaincue de l'impossibilité d'une telle ascension. Mais au moment où l'aéronaute, après avoir salué gaiement le public, s'élança dans les airs, passant tout à coup de la plus complète incrédulité à une confiance sans bornes dans la puissance du génie : « Oh ! les hommes ! s'écria-t-elle en tombant à genoux : ils trouveront le secret de ne plus mourir ! Et ce sera quand je serai morte ! »

Pendant que nous discourons, notre navire vogue en silence dans les champs d'azur. Le palais et le parc du roi-soleil se sont éloignés, et au-dessous de nous campent les successeurs des gardes-françaises. Cinq rangées de quatorze petits champignons blancs, et un peu au delà trente-quatre de ces mêmes comestibles, sur trois rangs irréguliers, se dessinent sur la verte plaine. Ce sont les tentes du camp de Satory.

Une troupe de moutons paît sur la lisière des champs. A bien les examiner, ces petites masses blanches qu'un faible mouvement anime, ressemblent tout à fait à un essaim de ces petits vers blancs et courts que les pêcheurs appellent, je crois, des... asticots. Quant au berger, il n'a même plus cette importance ; debout, sa projection mesure un angle trop faible pour être aperçue d'ici. Pour juger un homme à sa juste valeur, on sait en effet qu'il faut le voir en face et non de trop haut ni de trop bas.

Paris a disparu dans la brume. Le dernier aspect qu'il nous offrit fut celui d'une *plaine de cailloux blancs* obliquement éclairés par le soleil.

Nous laissons Saint-Cyr à notre droite.

Notre esquif aérien file gracieusement entre les vastes étangs de Saint-Quentin et les lieux illustrés, il y a deux siècles, par la fameuse abbaye de Port-Royal, en ces jours étranges où le fanatisme religieux alla jusqu'à profaner la poussière des morts endormis dans une croyance un peu différente de celle de madame Scarron et de son royal époux.

Au nord-nord-ouest, scintille une belle pièce d'eau au reflet du soleil : c'est le parc du château de Pont-Chartrain. Quel panorama merveilleux ! Et comme il est facile de tout dessiner !

En nous voyant arriver aux Essarts, les enfants crient et les canards se sauvent. Tous les habitants sortent des maisons et suivent notre voie du côté de l'étang de Saint-Hubert, que nous allons traverser. — *Noyés ! Noyés !* Cette agréable prophétie nous arrive de toutes parts. Je ferai remarquer ici que le meilleur moyen de connaître la population d'un pays est d'y passer en ballon : pas une personne ne reste au logis, et l'on compte les habitants comme des grains de chapelet.

Ainsi, ces excellents indigènes avaient abandonné leur village et nous suivaient à la course avec une curiosité non feinte, jusqu'à ces vastes étangs consacrés au nom du patron des chasseurs. En arrivant au bord du lac, ils furent quelque peu décontenancés de ne point voir leur prédiction réalisée, car, déjà sur la frontière de la Normandie, ils avaient ce charmant air narquois qui se réjouit volontiers du malheur d'autrui. Nous ne courions pas en réalité le moindre risque, puisque nous étions munis de lest capable de nous conduire beaucoup plus loin. Nous glissâmes presque à la surface de l'eau, et comme l'élasticité d'une escarpolette, un sac de sable versé à point nous lança orgueilleusement jusqu'à 600 mètres de hauteur.

L'expérience la plus curieuse à faire en passant sur un lac ou un large fleuve est l'observation de l'écho. Nulle surface n'est comparable à celle de l'eau pour renvoyer avec pureté les ondulations sonores. Tous les compliments que vous adressez à la plaine limpide vous sont renvoyés avec la plus rigoureuse sincérité, tandis que des cris beaucoup plus sonores restent sans écho au-dessus des prairies et des champs.

Ainsi, Eugène Godard ayant demandé à l'étang Saint-Hubert : « Combien y a-t-il de planètes ? » celui-ci nous adressa bientôt la même question, montrant ainsi qu'il avait parfaitement entendu, mais qu'il ne connaissait probablement pas la réponse. Godard ne voulut pas rester en retard sur la politesse de l'étang, et il lui dit en deux fois: « Mercure, Vénus, la Terre et Mars, — Jupi-

6

ter, Saturne, Uranus et Neptune ; » noms qui furent intégralement reproduits, le second surtout, avec une exquise douceur, probablement en souvenir de la naissance de Vénus. « Comment sont faits les habitants ! » Le lac avait déjà glissé sous notre vol et ne répondit plus.

De vastes étangs se continuent à l'ouest de celui de Saint-Hubert. Un moment, en passant au-dessus d'une petite pièce d'eau limpide et solitaire, notre attention fut attirée par un groupe de trois naïades sortant des ondes vêtues de leur seule pudeur. Nous nous gardâmes bien de jeter la moindre exclamation, de crainte de les effaroucher ou de les faire rougir ; cependant l'une d'elles nous aperçut, je ne sais par quelle secrète impression, sans doute comme la sensitive que l'approche d'un nuage fait palpiter, et, toute naïve, elle se mit à courir vers ses vêtements qui étaient à une distance agréable. Nous en conclûmes qu'elle savait admirablement nager ; C'était du reste une jeune fille brune, très solide pour son âge. Ses deux compagnes, mieux ou moins bien inspirées, avaient tout de suite sauté dans l'eau comme des grenouilles. Cette charmante oasis était bien fermée de murs ; mais ils ne s'élevaient pas jusqu'au ciel. La soirée était chaude, et l'air embaumé.

Cet incident nous rappela l'aventure de Mme Blanchard, l'une des aéronautes les plus intrépides qui aient existé, et qui, du reste, paya de sa vie ses témérités aériennes. On sait comment Blanchard la choisit pour femme : dès avant sa naissance. Cet aéronaute avait remarqué un jour dans la campagne, aux environs de la Rochelle, une paysanne qui se trouvait alors en cet état que l'on est convenu d'appeler une « position intéressante » ; il lui avait annoncé qu'elle aurait une fille et lui avait promis de venir l'épouser seize ans plus tard. Cette brave femme eut une fille, en effet, et l'aéronaute tint parole. On peut dire qu'à son tour, de 1805 à 1819, Mme Blanchard tint les rênes de l'aérostation française. Elle était née aéronaute, et elle est morte en ballon.

Pendant ces observations variées, notre char aérien a traversé une partie de la forêt de Rambouillet, laissant la ville à quatre kilomètres à notre gauche. A sept heures quarante minutes nous quittons le département de Seine-et-Oise pour entrer dans l'Eure-et-Loir. Nous avons remarqué sur notre passage que les indigènes paraissaient moins intelligents ou moins bons qu'ailleurs.

A huit heures quatre minutes, le soleil se couche. Nous l'admirons encore lorsqu'il n'existe plus pour la plaine. Sa forme circulaire s'est sensiblement modifiée pour faire place à un disque aplati en haut et en bas par la réfraction atmosphérique.

Le cours sinueux d'une rivière (c'est l'Eure) nous empêche de descendre avant d'arriver à Villemeux. Déjà plusieurs centaines de personnes ont acclamé l'arrivée du ballon. Une poignée de lest nous suffit pour passer par-dessus le village et pour descendre doucement de l'autre côté, près des jardins qui bordent chaque habitation du côté de la campagne. Il est 8 heures 7 minutes. La ligne parcourue par l'aérostat est de 85 kilomètres ; nous sommes venus à peu près en ligne droite de Paris, obliquant un peu à l'ouest à la dernière heure.

Mes observations les plus importantes de ce voyage devaient être celles de nuit: variation de l'humidité de l'air et de la température, suivant les hauteurs ; commencement de l'aurore au solstice d'été et gradation de sa lumière; intensité de la lune, éclat des planètes, formation des brouillards avant l'arrivée du jour. Nous allions repartir, lorsque mon pilote imagina qu'il aurait faim. *Mens sana in corpore sano,* me dit-il ; traduction libre : Allons souper à Dreux avant de remonter là-haut. Dreux n'est qu'à dix kilomètres, et déjà nous avions aperçu le monument funéraire de la famille d'Orléans.

G.

Les habitants de Villemeux comprirent nos intentions et nous amenèrent d'abord par la Grand'Rue jusqu'à la place de la ville. Les rues sont éclairées par quelques réverbères, et des fils, horizontalement tendus à travers la voie, rendaient difficile la translation de l'aérostat. Grâce à la combinaison du mouvement des deux cordes par lesquelles on nous remorquait, nous fûmes portés à l'extrémité de la rue et sur la route, et en deux heures et demie nous arrivâmes à la ville de Dreux ; ceux qui nous avaient conduits se croyaient fatigués, mais je leur démontrai par l'algèbre et le principe d'Archimède qu'ils *ne devaient pas* l'être, puisque l'aérostat n'est pas plus lourd que l'air. Je n'assurerais pas qu'ils eussent été absolument convaincus par mon raisonnement. Deux heures et demie de promenade en ballon captif, c'est une situation des plus agréables, à l'entrée de la nuit, au lever de la lune et des étoiles. Quelque jour sans doute, au lieu de traverser le désert à dos de chameau bossu, on fera choix de ce mode si suave de locomotion, et les dromadaires remorqueront l'aérostat du chef de la caravane.

Lorsque nous arrivâmes à Dreux, vers dix heures et demie, après avoir traversé un élégant

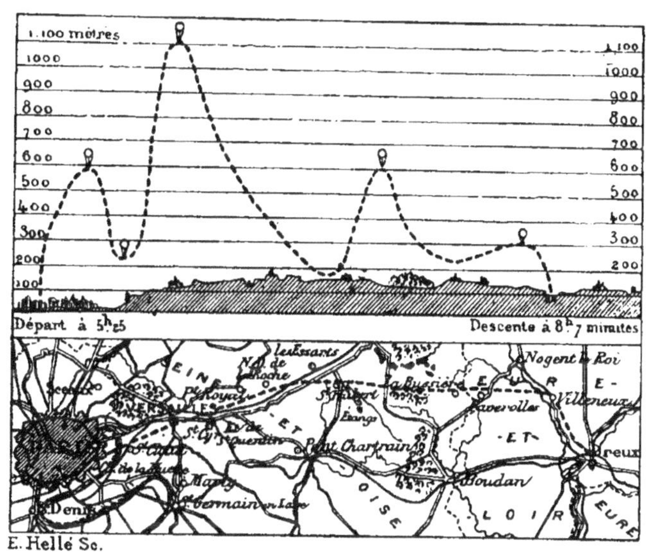

Quatrième Voyage aérien.— De Paris à Dreux.

petit bois, nous ne pûmes entrer en ville à cause des fils du télégraphe. C'est pourquoi nous établîmes à nos remorqueurs un bivouac à l'entrée de la ville, pendant que nous fûmes souper à l'*Hôtel du Paradis*.

V

PREMIER VOYAGE AÉRIEN NOCTURNE

Le clair de lune. — La circulation silencieuse de l'atmosphère. — *Le sommeil de la Terre.* — L'aurore.

La lumière argentée de la lune descendait du haut des cieux comme une rosée divine; dans la paix du ciel limpide, étincelaient les étoiles pâlissantes ; et la terre sommeillait dans un profond rêve, comme un être vivant qui se repose d'un travail et reprend en silence ses forces dispersées.

Tout dormait dans les vastes plaines. Les petits êtres ailés qui jasent dans les bois, les oiseaux et les insectes, avaient cessé leur harmonieux bruissement. Le vent lui-même ne soupirait plus dans les arbres. Le moindre souffle d'air ne caressait pas la surface de la terre.

J'avais laissé aux portes de la ville l'esquif aérien plus léger que l'air, et notre nacelle avait été chargée de pierres, de crainte qu'il ne s'envolât dans son domaine. L'escorte d'honneur que nous lui avions donnée n'avait eu aucune peine à le retenir, car l'air était resté absolument calme, et l'aérostat gardait une complète immobilité.

Lorsqu'on l'eut délivré du poids qui le retenait au sol vulgaire, il s'éleva lentement, majestueusement, divinement, dans le ciel pur et dans la lumière lunaire. Mon pilote, assis devant moi, versait avec précaution le lest sacré, tenant son regard interrogateur fixé sur le baromètre. Et moi, confiant dans son soin et dans la sûreté de l'aérostat, je m'abandonnai librement à deux sortes de bonheurs : la contemplation et l'étude.

C'est une sensation plus douce et plus profonde encore que les précédentes que celle de voyager silencieusement dans l'espace pendant une belle nuit d'été. En regardant la terre, en sondant l'espace inférieur, je n'éprouvai plus ce sentiment d'isolement qui m'avait âprement impressionné lorsque, en plein soleil, à plus de trois mille mètres au-dessus du sol, je comparais la hauteur et l'exiguité de ma sphère de gaz à la grandeur de l'immense plaine étendue au-dessous de moi. Là, je me sentais moins vivant. Ici, au contraire, seuls êtres animés, nous vivions et nous pensions au-dessus du sommeil de tous.

Notre ascension s'effectua à 1 h. 25 m. du matin, lorsque tous les instruments eurent été enregistrés ; c'était exactement l'heure du passage de la lune au méridien. A 2 heures, nous étions parvenus à 1440 mètres de hauteur. Le baromètre avait baissé de 753^{mm} à 631^{mm}, le thermomètre de 10 degrés à 5, l'hygromètre de 97 degrés à 84, après avoir passé par un minimum d'humidité (79) à 800 mètres de hauteur. La variation de l'humidité des couches d'air n'est donc pas la même pendant la nuit que pendant le jour.

Le fait qui me frappa le plus dans ce voyage est celui de la vitesse du vent et du déplacement de l'air selon l'altitude. Tandis que, en général, les vents de terre sont, *pendant le jour,* plus intenses que les courants supérieurs, ce sont, au contraire, les vents supérieurs, qui sont les plus forts *pendant la nuit.* Je ne veux pas encore ériger ce caractère en règle générale, car mon expérience n'est pas assez longue pour l'affirmer dès aujourd'hui.

A terre, l'air était d'un calme absolu. A peine arrivés à cent mètres d'élévation, nous fûmes emportés avec une vitesse déjà très sensible, croissant en raison de notre ascension. Cette vitesse fut en moyenne de 10 mètres 40 *par seconde* pendant la première heure, et de 11 mètres 95 pendant la deuxième. Notre traversée de nuit n'est pas tout à fait dans la même direction que celle du soir. Je remarque

qu'il arrive fort souvent que les lignes aérostatiques, et par conséquent les grands courants,.
s'inclinent en courbe pour se relever dans la
direction de l'ouest et du nord-ouest.

En me voyant porté par les vents du ciel au-
dessus de la terre endormie, je ne puis m'empêcher de penser que sans doute cette loi de la
circulation atmosphérique est l'une des causes
de l'entretien de la vie et de la jeunesse de la
nature. Pendant le jour, l'air sillonne la surface
de la terre, tempérant les ardeurs de la vie, mê-
lant la chaleur solaire et les parfums des plantes à la respiration des êtres animés, répandant
sur chacun l'abondance et la rénovation. Pendant la nuit, les enfants de la terre s'endorment
sur le sein de la nature ; nul trouble ne vient
inquiéter leur repos, et les sensitives sommeil-
lent en paix comme les oiseaux des bois.

Mais, en même temps, une immense circulation s'accomplit au-dessus de la sphère du sommeil, et les vents supérieurs, enveloppant la

terre, rétablissent partout l'équilibre des principes et des fonctions, jusqu'à l'heure où, le soleil apparaissant à l'orient, viendra rappeler tous les êtres à l'action, en répandant des flots de lumière et d'électricité sur la surface du monde.

Au solstice d'été, l'aurore et le crépuscule se touchent de bien près. A peine avions-nous quitté le sol, à une heure et demie du matin, que nous aperçûmes très distinctement l'aurore au nord-nord-est. Sa blanche clarté se dessinait correctement sous la forme d'une zone horizontale assez mince, nettement terminée à 15 degrés au-dessus de notre horizon. Je n'ai jamais admiré une lumière aussi douce en même temps qu'aussi pure. C'était, en effet, les hauteurs de l'atmosphère éclairées par le soleil qui planait alors au-dessus de l'Océan Pacifique. Cette clarté vraiment céleste était d'une pureté si exquise, que le ciel étoilé, quelque transparent qu'il fût lui-même, paraissait couvert d'un gris de plomb ! A mesure que j'examinais cette clarté, le ciel paraissait de plus en plus couvert, à ce point que je m'étonnai de voir les étoiles briller !

Il est remarquable que malgré la lumière de la lune nous ayons aperçu l'aurore dès une heure et demie du matin. J'ai voulu faire l'expérience à la nouvelle lune. Or, le 30 juin, par un ciel extrêmement pur, j'ai suivi la faible lueur du crépuscule de onze heures à une heure du matin, et j'ai constaté qu'elle a progressivement passé du nord-nord-ouest au nord et au nord-nord-est, sans disparaître entièrement. A cette époque de l'année, le soleil ne descend pas à plus de 18 degrés au-dessous de l'horizon.

Désirant connaître l'éclat relatif de la lune et de l'aurore, je comparai leur lumière de cinq en cinq minutes. C'est à deux heures quarante-cinq minutes que les deux clartés furent *égales en intensité* ; alors je pouvais lire une feuille tournée du côté du nord-est (aurore) exactement comme je lisais une feuille tournée du côté du sud-ouest (lune). Mais voici une particularité qui suprendra mes lecteurs.

La lumière de la lune est d'une blancheur devenue proverbiale, lorsqu'on la compare aux lumières artificielles, aux becs de gaz par exemple, qui, eux-mêmes, font paraître jaunes les quinquets à l'huile. Or la lune fait jaunir et presque rougir à son tour la lumière de l'hydrogène, et elle paraît si blanche qu'elle en est bleue par contraste. L'astre candide des nuits est devenu l'emblème de la pureté immaculée, et le lis le plus virginal oserait à peine comparer sa blancheur à celle de Phœbé.

J'étais donc intéressé à savoir si, surprise au lever du jour, la déesse des nuits serait aussi pure que sa réputation. L'expérience était facile à faire, et le photomètre des plus simples ; exposer une feuille de papier blanc à la clarté de la lune et la retourner ensuite du côté de l'aurore, et ainsi successivement, pour comparer simultanément l'intensité et la couleur des deux lumières.

Or, avant même que l'intensité de la lumière lunaire eût atteint celle de l'aurore, je constatai qu'à son tour cette lumière jaunit devant la pure splendeur du jour ! Ainsi la lumière de l'aurore est plus blanche encore que celle de la lune. Peut-être est-ce dû à l'azur de l'atmosphère.

Il est bon de rappeler ici que les notes de mon Journal de Bord, dont je me sers pour rédiger ces impressions de voyage, ont été écrites séance tenante dans la nacelle, tantôt à la clarté de la lune, tantôt à la clarté des étoiles, tantôt à tâtons, car il est prudent de n'emporter aucune sorte de lumière en ballon ; celui-ci, ouvert à sa partie inférieure, ferait l'office d'un immense bec de gaz et pourrait bien nous causer la surprise d'éclater à quelque mille mètres de hauteur.

Le sud et le nord de notre ciel nous offrent deux aspects fort différents. Dans le premier, le ciel est profond, transparent, bleu ; la brume qui recouvre la terre est semblable à un océan de brouillards ; la lune trône au-dessus de ce monde de vapeurs. Dans le second, le ciel paraît couvert et terminé au nord-est par une ouverture ou une transparence. — Directement au-dessus de notre tête plane l'énorme sphère sombre et en apparence immobile.

J'aperçois à l'œil nu les taches principales de la lune, et même la montagne rayonnante de Tycho. A l'aide d'une faible lunette, je distingue jusqu'aux petites taches, telles que le lac de la Mort, le lac des Songes, les marais du Sommeil, la mer du Froid. En voyant les brumes inférieures et en sachant quels vents sillonnent l'atmosphère, je songe combien il est difficile à ceux qui habitent le fond de cet océan aérien d'observer sans erreur les mondes éthérés ; je songe surtout à la difficulté de bien

observer à l'Observatoire de Paris, perpétuelle-
ment enseveli sous la poussière et les voiles de
la grande ville.

A travers la nuit transparente, notre esquif
aérien vole. En bas, un silence absolu; en haut,
les constellations scintillantes. Je me souviens
des deux strophes du poète, chantant précisément le passage de l'aérostat sous la nuit
étoilée :

> Andromède étincelle, Orion resplendit ;
> L'essaim prodigieux des Pléiades grandit ;
>   Sirius ouvre son cratère ;
> Arcturus, oiseau d'or, scintille dans son nid ;
> Le Scorpion hideux fait cabrer au zénith
>   Le poitrail bleu du Sagittaire.
>
> L'aéroscaphe voit, comme en face de lui,
> Là-haut, Aldébaran par Céphée ébloui,
>   Persée, escarboucle des cimes,
> Le Chariot polaire aux flamboyants essieux,
> Et plus loin la lueur lactée, ô sombres cieux !
>   La fourmilière des abîmes.

Nous sommes passés à deux heures vingt
minutes à gauche d'une petite ville carrée.
Nous avions d'abord pris cette place pour un

verger, mais un examen plus attentif nous montra qu'il y avait là des édifices et qu'une promenade plantée d'arbres en faisait le tour. Vérification faite sur la carte, nous constatons que c'est la ville de Verneuil.

A deux heures cinquante-cinq minutes, nous passons au-dessus d'une autre ville, endormie profondément comme la première. Nous nous disons que s'il y a des êtres humains éveillés au-dessous de nous à cette heure nocturne, ce ne peut guère être que ceux qui souffrent, et nous voudrions, du haut du ciel, pouvoir verser un allégement sur leurs souffrances et signaler notre passage par une bénédiction réelle et effective.

La ville que nous traversons nous paraît encadrée d'un pittoresque paysage, où les rochers et les vallées ne manquent pas. Des vallées profondes, au milieu desquelles s'élève le duvet d'un léger brouillard, dessinent le caractère du sol. Nous sommes, en effet, au

zénith de la ville de Laigle et du fameux château
élevé au onzième siècle sur des rochers mena-
çants signalés par la découverte d'un nid
d'aigles.

C'est ici, au-dessus de Laigle, dans ce ciel
que nous traversons, qu'eut lieu la première
chute d'aérolithes constatée par la science; c'est
de cet espace, aussi pur qu'aujourd'hui, que
tombèrent, le mardi 6 floréal an XI, vers une
heure de l'après-midi, des milliers de pierres,
qui purent être ramassées dans tous les villages environnants, et dont Biot rapporta les
fragments à l'Académie des sciences qui, jusque-là, avait rigoureusement nié que des pierres pussent tomber du ciel. Une explosion violente qui dura pendant cinq ou six minutes,
avec un roulement continuel, fut entendue à
près de trente lieues à la ronde ; elle avait été
précédée par un globe lumineux de la grosseur
d'un ballon, traversant l'air d'un mouvement
rapide. Jamais chute d'aérolithes ne jeta plus

grand effroi dans les populations des campagnes. Ceux qui avaient entendu l'explosion sans voir le bolide, s'étonnaient de ce coup de tonnerre éclatant par le ciel le plus pur, et croyaient assister à la confusion des éléments ; ceux qui virent soudain des pierres, lancées par une force invisible, tomber du ciel avec fracas sur les toits, sur les branches, sur le sol, et creuser des trous dans lesquels elles s'engloutissaient, réveillaient les cris des anciens Gaulois et se demandaient si c'était la « chute du ciel ». Il ne fallut rien moins que ce grand événement pour faire accueillir par la science l'existence réelle des aérolithes.

Notre aérostat a traversé cette région célèbre dans l'histoire de l'astronomie, et continue son vol au-dessus du département de l'Orne.

Vénus vient de se lever. Étoile blanche, elle brille dans l'aurore dorée comme une flamme plus pure encore. Mercure se lèvera trop tard pour être visible. Mars était couché avant minuit.

7.

Saturne descend à l'occident. Mais le sceptre de cette nuit appartient à Jupiter. Je n'ai jamais vu cette planète aussi éclatante, quoique sans scintillation. Elle semblait aussi lumineuse que la lune, tant elle jetait de feux, et toutes les étoiles, celles de première grandeur comme les plus modestes, pâlissaient et s'effaçaient devant elle. Vers trois heures, les étoiles s'éteignirent l'une après l'autre. Arcturus s'évanouit la dernière, mais la lune et Jupiter restèrent lorsque toute l'armée céleste se fut enfuie aux approches du jour.

Depuis ce premier voyage nocturne aérien, j'ai passé plusieurs fois la nuit entière dans l'atmosphère, comme on le verra dans la suite de ces récits ; mais je n'eus jamais de nuit aussi belle ; et j'oserai dire aussi pure et aussi charmante, car c'était un charme magique, que cette douce influence de la lumière lunaire descendant de notre pâle satellite. Pas le moindre souffle d'air qui nous refroidît, puisque l'aérostat est emporté par le mouvement même de l'air. La température était à 5° à 1500 mètres, à deux heures après minuit (elle était à 10° à la surface du sol) ; à deux heures et demie, elle était à 8° à 1000 mètres ; à trois heures, elle était à 10° à 400 mètres et *plus élevée* que dans le fond de la vallée où nous descendîmes, car le thermomètre y marqua 6° une demi-heure plus tard. L'humidité était également plus forte dans la vallée.

La lumière répandue dans l'atmosphère par l'aurore est bien différente de celle de la lune. A la faveur de celle-ci, j'ai constamment pu lire mes instruments et écrire, et nous n'avons pas cessé de distinguer la campagne, les bois, les champs, les plateaux, les vallées. Mais cette clarté *glisse* sur ces objets plutôt qu'elle ne les pénètre. Elle estompe vaguement les contours et dessine une carte de demi-teintes. Il en est tout autrement de la lumière de l'aurore. Avant même que son intensité égale celle de la clarté lunaire, elle emplit toute l'atmosphère et s'incorpore avec elle. Elle imbibe les airs, les montagnes et les vallées, elle *pénètre* les plantes des forêts et l'herbe des prairies. Il semble que tout vive en elle et qu'elle s'impose pleinement à la nature comme la cause universelle de la vie, de la force et de la beauté des choses créées.

Le silence *absolu* qui s'étendait sur la nature pendant la nuit commence après trois heures à se laisser entrecouper par quelques notes douces et lointaines. A trois heures vingt minutes, le chant des oiseaux s'annonce avec plus de vivacité. *Leur voix est pure dans l'ordre du son comme l'aurore dans l'ordre de la lumière.* Ils chantent tous avec joie, et les notes limpides de leurs petites gorges s'envolent avec candeur dans l'atmosphère baignée de clarté.

Nous arrivons à 3 h. 25 m. au-dessus du bourg de Gacé; nous descendons alors dans une prairie couverte de rosée, au bord de la jolie rivière de la Touques, qui se jette dans la mer à

Trouville. Dans un équilibre instable, nous nous maintenions à la surface du sol, appuyés, mais à peine, sur la terre. Des bœufs au pâturage regardent avec étonnement notre des

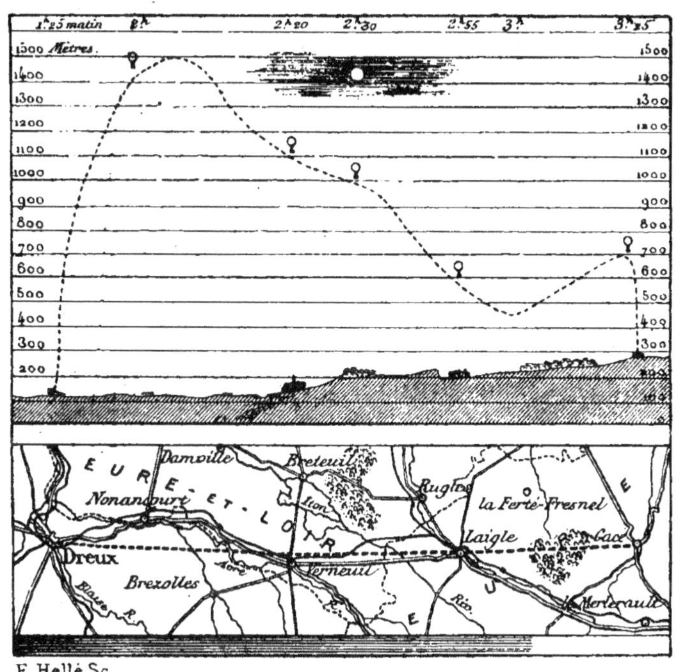

Voyage aérien nocturne. 1 h. 25 m. à 3 h. 25 m. du matin.

cente, et n'osent approcher de nous qu'après un quart d'heure de réflexion. C'était une troupe de bœufs roux, dignes des grands bœufs de

Dupont. Le général de la bande se détacha d'abord, avec mine de parlementer. Ils nous regardaient tous avec des yeux si étonnés, que certainement ils ne s'expliquaient pas au juste à quel rang de l'échelle zoologique nous pouvions appartenir. Après nous avoir inspectés, le bœuf ambassadeur revint vers ses compagnons, et les ramena les cornes basses et menaçantes. Nous les laissâmes approcher, puis, versant un sac de lest sur la tête des premiers, nous nous élevâmes à vingt mètres et nous sautâmes de l'autre côté de la prairie, au grand ébahissement de la petite armée.

Les réflexions faites par les enfants, les femmes et les hommes à la descente ne sont pas la partie la moins curieuse de ces voyages. C'est surtout à notre descente de La Motte-Beuvron que j'ai été surpris des propos tenus sur notre compte et sur celui de nos instruments. Le baromètre à mercure placé dans son fourreau est considéré comme une longue-vue :

« C'est avec cela qu'il étudie la lune », ou bien encore comme une carabine. L'hygromètre est pris pour une montre, « parce qu'en haut les aiguilles ne marchent plus ». Le baromètre anéroïde est une boussole. Les tubes, les moindres appareils, notre valise, la plus inoffensive bouteille, tout est regardé avec étonnement et commenté de diverses façons. On nous palpe pour savoir si nous vivons comme tout le monde.

A chaque nouveau voyage, j'apprécie mieux le charme de cet excellent mode de locomotion, et chaque fois je m'étonne davantage de ne point le voir mis en pratique sur une large échelle. Aucun mode de transport ne comporte autant de variété que celui-là, ni autant de plaisirs. A l'immobilité apparente absolue de la nacelle se joint la beauté sans égale de la mise en scène. Vous filez en silence dans les plaines de l'air, porté par un souffle invisible au-dessus des plus magnifiques paysages... C'est tout à fait digne des habitants angéliques de Jupiter...

VI

ASCENSION PAR UN CIEL COUVERT

Le monde des nuages. — Panoramas au-dessus des nuages. — Splendeur du ciel supérieur. — Un orchestre mystérieux. — Le crépuscule dans les airs. — Bruits nocturnes sur la terre. — *La nuit dans les nues.* — Voyage de Paris à Angoulême. — Traversée aérienne de 460 kilomètres.

Les voyages atmosphériques qui précèdent s'étaient tous accomplis par un ciel pur, et je n'avais pas encore eu le bonheur de faire une traversée au-dessus des nuages et d'étudier ce monde supérieur. La nuit de mon voyage en Normandie s'était écoulée avec une telle rapidité que je désirais maintenant passer une nuit entière, même par un temps couvert, et faire de longues observations, tantôt au-dessus, tantôt au-dessous des nues. Je préparai donc cette expédition, et le 23 juin 1867, par un ciel couvert, je m'envolai de nouveau dans l'espace.

Les nuages ne paraissaient pas très élevés. Pour ne pas arriver immédiatement jusqu'à eux et m'interdire par là toute observation précise, nous avions exactement pesé notre force ascensionnelle et pris du lest en conséquence. Nous nous élevâmes donc avec lenteur. Les instruments eurent le temps nécessaire pour se mettre à la température ambiante, et je pus observer l'état thermométrique et hygrométrique des couches d'air inférieures aux nuages.

L'aérostat se dirigea vers le sud. Il devait tourner plus tard au sud-sud-ouest et au sud-ouest. Nous passâmes en ligne directe sur Vanves, Châtillon, Fontenay-aux-Roses, Sceaux, Chatenay, Antony. Ce courant du nord s'étendait à une grande hauteur, et paraissait général, car un ballon monté par M. Louis Godard, à Neuilly, et le *Géant,* de M. Nadar, partis en même temps que nous, suivirent l'un et l'autre une ligne parallèle au nôtre pour aller tomber le premier à Clamart, le second à Longjumeau.

Pendant que nous admirons le splendide parc de Sceaux, orné de ses pièces d'eau et de ses pelouses, nous nous élevons peu à peu vers les nuages. Notre altitude est de 630 mètres. Le baromètre Fortin s'est abaissé de 757^{mm} à 705, l'anéroïde de 758 à 704 ; le thermomètre a baissé de 20° à 15° ; l'hygromètre s'est élevé de 88° à 90°, après avoir marqué 85° à 330 mètres. Il est 5 heures 27 minutes.

Insensiblement l'aérostat s'élève dans les nues. *L'air semble devenir opaque autour de nous*, et la campagne se couvre d'un voile dont l'épaisseur augmente du centre à la circonférence. Bientôt nous ne distinguons plus la terre que diamétralement au-dessous de nous, et nous sommes enveloppés d'un immense brouillard blanc qui paraît nous environner de loin, comme une sphère vague, sans nous toucher. On entrevoit encore les routes comme des fils blancs.

Nous nous croyons immobiles au milieu de cet air dense et opaque, et nous ne pouvons ni apprécier directement notre marche horizontale ni savoir à l'aspect des nuages si nous nous élevons ou si nous descendons. Tout à coup, pendant ce séjour au milieu d'un élément si nouveau pour moi, suspendus au sein de ces limbes aériens, nos oreilles sont frappées par un admirable concert de musique instrumentale, qui semble donné *dans le nuage même*, à quelques mètres de nous. Nos yeux s'enfoncent dans les blanches profondeurs : en haut, en bas, de quelque côté qu'ils cherchent, ils ne rencontrent que la substance diffuse et homogène, qui nous environne de toutes parts.

Nous écoutons avec recueillement l'orchestre mystérieux. Ne devinant pas encore quel chant nous arrive en cette région étrangère, je trace quelques portées et je note le chant sur mon journal de bord pour en garder au moins le motif principal. Puis je passe au baromètre, au thermomètre et à l'hygromètre, et je constate avec un certain étonnement que l'humidité *décroît* à mesure que nous nous élevons dans le nuage, et que la chaleur augmente. A 700 mètres, l'hygromètre est descendu progressivement à 87 degrés, et le thermomètre s'est élevé à 17. Les nuages se forment dans l'air qui marche. Ils sont relativement immobiles, comme le ballon. La vapeur d'eau invisible devient visible, mais n'est pas plus dense pour cela, comme on le verra au chapitre spécial consacré aux résultats de mes observations scientifiques.

Le morceau exécuté par l'orchestre inconnu était l'*Ame de la Pologne*.

Le brouillard est plus sonore que l'air et recueille les sons avec une telle intensité que, toutes les fois que traversant les nuages, nous avons entendu l'orchestre d'une ville inférieure, nous pensions être tout à côté de cet orchestre. A la limite du son perceptible dans l'air pur, l'interposition d'un nuage, tout en dérobant la vue de la ville, serait donc loin d'atténuer les sons; au contraire, l'aéronaute pourrait se trouver en de telles conditions que ce nuage lui fît percevoir des sons qu'il n'entendrait pas sans lui !

Nous avons reçu la sérénade fortuite d'une excellente musique d'orchestre au-dessus d'Antony et au-dessus de Boulainvilliers, alors que nous étions entièrement enveloppés dans les nuages et à près d'un kilomètre de l'une et de l'autre ville.

Cependant la sphère de soie perce lentement de son vaste crâne les opacités non résistantes de la nue, et, nous frayant un passage, nous emporte vers des régions plus lumineuses. Bientôt nos yeux, accoutumés à la faible clarté d'en bas, sont impressionnés par l'accroissement de la lumière qui nous enveloppe. C'est en effet

une vaste clarté solide qui paraît nous cerner
de toutes parts : la sphère blanche qui nous en-
serre est du même éclat dans toutes les directions, en bas comme en haut, à gauche comme
à droite ; il est absolument impossible de distinguer de quel côté peut être le soleil.

Je cherche en vain à définir le caractère de
notre situation ; l'aspect en est vraiment indescriptible ; tout ce que je puis exprimer, c'est
que nous sommes au sein d'une sorte d'océan
blanc pénétrable... Mais la lumière s'est rapidement accrue et s'affirme maintenant avec
puissance.

Qu'arrive-t-il ? Tout d'un coup, comme un
plancher immense qui tomberait dans l'espace,
nous voyons la surface supérieure des nuages
s'étendre sous nos pieds et se précipiter en silence vers la terre, tandis qu'une lumière
éblouissante et brûlante nous baigne de toutes
parts. Le soleil apparaît, hostie immense posée
sur des couches de neige. L'aérostat victo-

rieux plane noblement *au-dessus des nuages!*

Nous voici maintenant dans la lumière et dans le ciel pur. La terre, avec son voile de brouillards, s'est enfoncée loin au-dessous de notre essor. Ici règne la lumière, ici rayonne la chaleur ; ici l'atmosphère est pleine de joie ; en abordant au sein de ce nouveau monde, il semble que l'on quitte les rives sombres du deuil pour prendre possession d'une nouvelle existence, et qu'en laissant les nuages se fondre à ses pieds, on ressuscite dans la transfiguration du ciel. Les royaumes d'en bas se couvrent de tristesse et les intérêts de la matière se voilent sous la honte de l'obscurité : à peine avons-nous traversé les portes du ciel, que l'âme, enivrée d'une métamorphose si rapide, sent frémir ses ailes palpitantes et se réveiller sous son enveloppe de chair le sentiment de son immortelle destinée. Elle croit ressentir un avant-goût des mondes supérieurs ; elle voudrait laisser tout à fait son vêtement sur ces nuages, et s'envoler vers le ciel dans l'inextinguible ardeur de son désir.

En arrivant à cent mètres au-dessus du niveau supérieur des nuages, on vogue en plein ciel dans un espace en apparence complètement étranger à la terre, et en quelque sorte entre deux cieux. Le ciel inférieur était formé de collines et de vallées blanchâtres de tonalités diverses, offrant quelque vague ressemblance avec des traînées neigeuses de laine cardée extrêmement fine, et diminuant de grandeur et de profondeur à mesure qu'elles s'éloignent.

Le ciel supérieur était d'azur parsemé de flocons et de traînées blanches (cirri) situées à une grande hauteur, — presque aussi grande que si nous étions restés à la surface de la terre. Le soleil répand ses rayons de lumière et de chaleur en ces régions inexplorées, tandis qu'il reste caché pour les régions habitées par l'homme. Combien de merveilles naissent et s'évanouissent inconnues de l'œil humain !

Quelles forces immenses et permanentes agissent au-dessus de nous sans que nous les percevions ! La nature éternelle poursuit son cours sans se préoccuper d'être admirée et étudiée par le faible habitant de la terre !

Nous sommes restés une heure environ au-dessus des nuages ; j'employai toute cette heure à chercher des expressions qui pussent rendre le spectacle déployé sous notre regard, et, après avoir écrit une page de comparaisons et d'images, j'en fus réduit à m'arrêter à ces regrets : « Tous ces mots sont ridicules et indignes, — nulle expression ne peut rendre ceci, — spectacle enivrant. Debout dans la nacelle, mon regard qui tombe à nos pieds me donne la sensation d'un vol ultraterrestre... Que n'habite-t-on ici !.. »

En contemplant ces magnificences, j'aime à penser qu'il y a des mondes où l'homme ne rampe pas dans la poussière comme sur le nôtre, mais a établi son séjour habituel dans

les régions supérieures. Peut-être le jour vien-
dra-t-il où, dans le nôtre même, l'humanité
émancipée aura su se délivrer des derniers
liens et vivre enfin dans la pureté et la transparence de l'espace céleste.

L'ombre du ballon se dessine, estompée sur
l'océan nuageux, comme un second ballon gris
qui voguerait dans les nues. L'aérostat paraît
immobile, car il est emporté par le même courant que les nuages eux-mêmes. Les collines et
les vallées blanches situées au-dessous de
nous paraissent assez solides pour nous inviter
à descendre de la nacelle et à mettre pied à
terre. Quelle surprise, si nous nous laissions
aller à cette tentation !

Le crépuscule et la nuit vont bientôt envelopper l'aérostat solitaire. La condensation et
le froid, auxquels se joignit bientôt la vitesse
acquise, commencent et accélèrent sa descente
(je répète ici que nous ne touchons jamais à la
soupape). En dix minutes, l'aérostat tombe

de 1,900 mètres à 750. En 2 minutes, il tomba tout d'un coup de 650 mètres.

A 6 heures 25 minutes, nous entendîmes un train sortir d'une station par le bruit caractéristique des roues sur les aiguilles. Consultant notre indicateur des chemins de fer, nous reconnûmes que c'était un convoi partant de Brétigny.

Puisqu'on aime les détails circonstanciés, j'oserai dire que, vers six heures et demie, nous dînâmes frugalement d'un couple de pigeons, de quelques cerises et d'une bouteille de Chambertin. Ce modeste repas nous conduisit jusqu'au lendemain matin; mais, quelque modeste qu'il fût, il était assaisonné d'une mise en scène si agréable et si rare qu'il me parut plus délicieux qu'un souper chez Lucullus. J'ajouterai qu'à peine avions-nous mis la table qu'un nouvel orchestre inconnu vint nous jouer l'ouverture de *Guillaume Tell*. Décidément, c'était le jour d'Euterpe.

Une petite mouche à ailes rouges, une cocci-
nelle, voleta autour de la nacelle. Cette petite
« bête à bon Dieu » rêvait sans doute au paradis. Elle réveille dans mon souvenir les douces
strophes du poète des *Contemplations*, et l'ap-
pliquant aux hommes d'en bas qui consument
leurs jours dans l'ambition et l'avarice, je me
rappelai le mot de la fin :

> Les bêtes sont au bon Dieu,
> Mais la bêtise est à l'homme.

Ayant jeté du lest pour ne pas descendre
jusqu'à terre et pour dîner tranquillement
au-dessus des nuages, l'aérostat ne tarda pas
à monter plus haut que nous ne l'avions d'a-
bord pensé. Nous nous élevâmes successivement à 1500, 1700 et 1900 mètres ; les nuages
qui planaient entre 500 et 900 mètres nous dé-
robaient entièrement la vue de la terre ; puis une
condensation s'opéra et notre maison flottante
redescendit.

Nous restâmes jusqu'à 6 heures 50 minutes au-dessus des nuages, dans une immobilité apparente, mais voguant en réalité avec une vitesse égale à la leur. L'aérostat est dans un tel équilibre au sein de l'air que, lorsqu'il arrive au-dessous du niveau supérieur, une poignée de cent grammes de lest, un verre d'eau (ou moins encore...), suffit pour nous ramener dans le ciel bleu. Le ballon semblait ne pas oser redescendre, comme si l'air des nuages avait été plus dense et l'avait soutenu. A 6 h. 50, il pénétra définitivement dans la nuée.

Lorsque nous descendîmes de la lumière, un effet inverse à celui qui m'avait impressionné se produisit. Une *tristesse immense* succéda à la joie d'en haut. Quelque chose d'obscur, de laid, de sale même, paraissait voiler l'espace. On sentait les approches d'une terre proscrite... Je recommande cette descente aux misanthropes : on éprouve un sentiment de véritable humiliation, presque du dégoût, lorsqu'on

8.

tombe ainsi du ciel chez les hommes. Comme nous descendions des nuages, nous aperçûmes tout d'un coup la terre qui montait vers nous avec une effrayante rapidité. La condensation et le froid, auxquels se joignit bientôt la vitesse acquise par le commencement d'une chute verticale, nous firent tomber de près d'un kilomètre en deux minutes. Je ne m'en aperçus d'abord qu'en voyant l'aiguille du baromètre remonter très vite. Puis en regardant la terre, après être sortis des nuages, nous vîmes un village qui arrivait à grande vitesse. Godard jeta le lest par sacs de dix kilos. Notre chute ralentie nous entraîna néanmoins jusqu'à cent mètres du sol, au-dessus de Mesnil-Racoing, près Étampes. Balainvilliers était le dernier village que nous ayons aperçu à travers les nuages, à 5 h. 50 minutes ; nous avions parcouru 30 kilomètres en une heure au-dessus des nues

Les nuages avaient 200 mètres d'épaisseur, de 630 mètres à 825. A 1000 mètres, l'hygromètre était arrivé à 74 degrés, et il augmenta jusqu'à 83 pendant notre retour à la terre. Le thermomètre marquait 24° au-dessus du nuage et 18° au-dessous.

Après avoir continué notre traversée à une faible hauteur pour reconnaître le pays et avoir remercié les habitants successivement accourus de toutes parts pour nous recevoir, nous remontâmes dans l'atmosphère et nous poursuivîmes notre route aérienne, tantôt au-dessus des nuages, tantôt au milieu d'eux, tantôt au-dessous.

A 7 h. 47 m., nous revîmes le soleil. Il avait la teinte de la fonte en fusion. Les nuages au-dessus desquels nous voguions ressemblaient alors à de hautes montagnes transparentes, enflammées par les rayons fauves de l'immense incendie solaire. De petits cirri blancs flottaient encore dans les hauteurs de l'atmosphère. A 8 h. 5 m., l'astre du jour descendit lentement sous la mer mouvante des montagnes de neige rougie.

Lorsque nous voguions au-dessous des nuages, l'obscurité était incomplète et la campagne se déroulait sous nos regards, nous envoyant le bruissement confus des cris-cris, des alouettes et des cailles. Lorsque nous planions dans le ciel pur, le crépuscule nous enveloppait de sa vaste clarté. Parfois, en descendant près de la terre habitée, nous apercevions les villages allumant leurs feux du soir.

A 8 h. 30 m., nous passâmes à une faible hauteur au-dessus de Montigny et de Teillay. Les habitants s'occupèrent de notre voyage et nous demandèrent où nous allions. — A Orléans. — Vous n'avez qu'à suivre la route, reprit l'un d'eux, sans doute le plus fort : il n'y a plus que cinq lieues, seulement, quand vous aurez passé la forêt, vous tournerez un peu à droite. — Merci.

Nous entrâmes bientôt sur la forêt sombre, et nous remontâmes au-dessus des nuages pour profiter un peu du crépuscule et y rester jusqu'à la nuit tombée. Je fis mes observations de trois en trois minutes.

Le crépuscule s'affaiblissait avec lenteur ; les bruits de la terre avaient cessé et les ombres du soir s'étendaient autour de nous. Au nord-ouest, le ciel restait éclairé par une vague clarté lointaine ; les nuées étaient devenues plus transparentes, et par intervalles on distinguait la terre à travers la brume. Nous flottions, légers comme l'air, dans le silence et le demi-jour, suivant la décroissance de la clarté atmosphérique, et ressentant plus vivement que jamais notre isolement au milieu de la nature assoupie. Il semblait que la terre se recueillît à la fin du jour.

Ces réflexions naissaient dans ma pensée, lorsque le son d'une cloche vint nous tirer de notre rêverie. C'était l'*Angelus* qui s'envolait de la terre.

Quelques minutes après, les cris de : « Un ballon ! un ballon ! » arrivèrent jusqu'à nous.

Étonnés d'entendre cette exclamation au-dessus des nues, nous scrutâmes les régions inférieures. Nous nous trouvions dans un puits de nuages, et les hommes d'en bas, voyant le ciel par une éclaircie, nous avaient aperçus au milieu de l'ouverture.

Nous étions alors à Marigny. J'écrivis une dépêche datée du ciel, 9 h. 15 m., adressée au *Journal d'Orléans*, puis je la laissai descendre au moyen d'une longue banderolle de papier équilibrée par un petit sac de papier rempli de sable. Mais au lieu de tomber verticalement, la pierre resta sous le ballon et n'arriva à terre que pendant notre traversée de la Loire. Cette dépêche n'arriva donc pas à son adresse. Celle que le *Journal d'Orléans* publia le lendemain, et qui fut reproduite par le *Figaro* et d'autres journaux, était une dépêche verbale. Voici comment nous l'avions donnée.

Après avoir traversé la Loire, nous voguions à une centaine de mètres seulement de hauteur

au-dessus du sol. Il me semblait avoir vu la dépêche écrite tomber dans le fleuve, car, en vertu
du principe mécanique de l'indépendance des
mouvements, un objet qui tombe d'un aérostat
ne descend pas en ligne droite à terre, mais suit
une ligne oblique, gardant avec lui la vitesse
acquise dans l'aérostat. C'est en vertu de la
même loi qu'un objet lancé à la portière d'un
wagon ne touche pas au point où on le lance,
mais suit le convoi pendant tout le temps qu'il
met à tomber. Or, tandis que nous voguions
ainsi à une faible distance du sol, nous entendîmes et nous distinguâmes une voiture qui suivait tranquillement la route. Godard prenant
alors son porte-voix cria soudain au-dessus de
la voiture : Ohé! Le voyageur surpris arrêta
son cheval et regarda tout autour de lui sans
voir personne. Un second appel lui fit lever la
tête et faillit le faire tomber à la renverse. Nous
échangeâmes quelques paroles, et nous poursuivîmes notre essor vers le sud-sud-ouest de

la France. Il était 9 h. 40 m., et la nuit s'annonçait profonde.

A partir de cette heure, nous sommes remontés sous le plafond des nuages. Jetant du lest, nous atteignîmes d'abord 1000 mètres, puis, une demi-heure plus tard 1250 mètres. La nuit était entièrement tombée, le ciel couvert. Cette obscurité ne nous a jamais empêchés de distinguer encore les campagnes, les routes, les rivières, les champs, les prés, les bois, les étangs. Mes notes furent désormais écrites à tâtons; on peut écrire lisiblement sans voir nettement les caractères que l'on trace.

Pour examiner les instruments, je me servais d'une petite sphère de cristal habitée par des vers luisants.

Nous traversâmes le Cher à onze heures, au-dessus de Romorantin, entre Tours et Bourges.

La nuit était froide et obscure, les nuages formaient sur nos têtes comme un épais rideau,

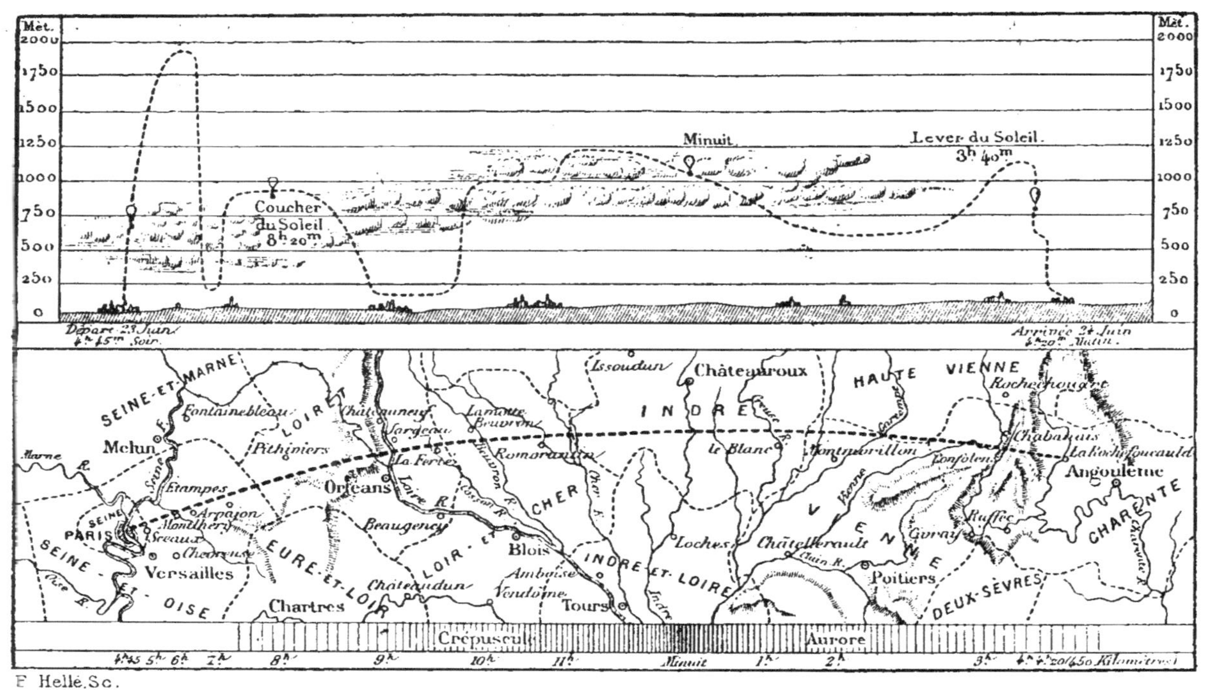

Six ième voyage aérien. — Voyage nocturne de Paris à Angoulême (460 kilomètres en 11 heures 25. m.)

la terre était une immense plaine sombre, estompée de tons variés. Un seul bruit régnait dans l'atmosphère : c'était l'aigre coassement de milliers de grenouilles, qui se prolongea pendant la nuit entière, entrecoupé par intervalles de silences et d'aboiements de chiens. Les grenouilles nous indiquaient les bas-fonds et les régions marécageuses ; les chiens étaient le signal des villages ; un silence absolu nous apprenait que nous passions au-dessus des montagnes et des bois.

Vers minuit, des feux apparurent, disséminés au-dessous de nous : c'étaient des charbonnières dans les forêts.

Ces feux, vus de loin, ressemblaient à la lueur des phares, et le bruit lointain des grenouilles imitait, à s'y méprendre, celui de la mer. Assurés d'être au centre de la France, nous ne pouvions craindre l'Océan, et la boussole indiquait toujours le sud-ouest. Depuis notre retour, j'ai pensé néanmoins qu'un courant deux fois plus rapide que celui qui nous emportait, et tournant un peu à l'ouest, nous eût inévitablement jetés sur La Rochelle avant le jour.

Un éclair traverse le ciel au loin. Le bulletin de l'Observatoire nous apprend qu'il s'en est fallu de très peu que nous n'eussions été emportés vers une forte tempête élevée du golfe de Gascogne.

Combien l'aspect de la nature varie d'un jour à l'autre, sous l'influence de quelques rayons de lune et de quelques voiles de nuages ! Pendant l'autre nuit, nous voguions dans la clarté splendide et dans l'azur, et lentement nous assistions à l'accord matinal de l'orchestre divin. Cette nuit, enveloppés d'un épais manteau de ténèbres, nous restions enfermés dans les limbes obscurs, dans les cercles aériens où flottent vaguement les fantômes et les ombres.

De temps en temps, on entendait le bruit sinistre de chutes d'eau tombant dans l'obscu-

rité. Puis, le silence succédait comme une sensation d'effroi. Et l'âpre concert des marais
reprenait sa note plaintive.

Un bruit intense, que nous avions pris d'a-
bord pour celui d'un train, frappa nos oreilles à
une heure et demie : c'était celui de la Creuse,
que nous traversâmes au Blanc, entre Poitiers
et Châteauroux. C'est ici, à Ciron (Indre), que
quelques années plus tard, un aérostat devait
tomber comme un aérolithe de ce même ciel
où nous planons, ramenant à terre les corps
noircis et inanimés des deux aéronautes Crocé-
Spinelli et Sivel.

Tous ces bruits s'élevant de la terre obscure
pendant la nuit silencieuse étaient d'une intensité singulière, qui m'étonna dans l'étude que
je faisais alors sur la transmission du son dans
l'air. Était-ce le silence général qui, rendant
nos oreilles plus attentives, augmentait relativement l'intensité sonore ? J'avais déjà constaté
dans mes précédents voyages aéronautiques que

le son se transmet plus facilement à une plus grande distance de bas en haut que dans toute autre direction. J'ajoutai à ce fait la circonstance que pendant la nuit l'atmosphère est plus homogène dans sa température, et que le son doit la traverser sans rencontrer, comme pendant le jour, les mille obstacles apportés par la réflexion et la réfraction de couches diverses.

En relisant ces notes de mon journal de bord, je me souviens que le savant auteur du *Cosmos*, Alexandre de Humboldt, a fait autrefois dans l'Orénoque une observation analogue. Il rapporte que, d'une certaine position dans la plaine d'Anture, le bruit de la grande chute de l'Orénoque ressemble au tumulte des flots qui se brisent sur un rivage rocheux, et il ajoute, comme une circonstance remarquable, que ce bruit est beaucoup plus fort la nuit que le jour.

En voyant la terre endormie sous nos pieds, l'idée qui nous frappe le plus est cette image bizarre : à cette heure, tous les Européens, à peu près, sont étendus horizontalement entre deux draps, immobiles, les yeux fermés, respirant plus ou moins fort, incapables de se mouvoir, déraisonnant dans les rêves les plus bizarres, et du reste aux trois quarts morts. C'est assurément là un curieux tableau, peu flatteur pour le roi de la création.

Nous médisons du sommeil... et pourtant, moi-même, je l'avoue, au milieu de l'obscurité et du silence, un peu fatigué, j'en subis malgré moi les effets pendant une demi-heure, de une heure à une heure et demie du matin. C'est une sensation fort singulière que celle de s'éveiller en ballon et de se demander où l'on est!..

Les grenouilles cessent leur chant peu varié à deux heures du matin. Un instant après, les coqs s'éveillent et s'interrogent d'un village à l'autre. L'obscurité règne encore ; mais ce chant du coq fait plaisir à entendre, après quatre heures écoulées dans le vague murmure.

Nous traversons, à 2 heures 16 minutes, la

Gartempe, près de Montmorillon. Le ciel s'est de plus en plus couvert. L'aurore ne se dessine même pas et ne répand aucune clarté dans l'atmosphère. A 3 h. 10 m., nous traversons la Vienne et nous la suivons pendant quelque temps. Nous distinguons une petite ville et un réverbère au milieu : c'est Chabannais.

A partir de minuit, la trajectoire de l'aérostat s'abaissa peu à peu de 1100 à 800 mètres (1 h. du matin), à 700 (2 h.), et à 600 (2 h. et demie). L'aérostat s'est alourdi par l'humidité, l'hygromètre oscille autour de 93° et augmente après deux heures. Le thermomètre est à 16°. Cette température, relativement élevée, est due *au plafond de nuages* qui s'oppose au rayonnement de la terre. Le ballon remonte ensuite à mesure qu'il se sèche.

« La blonde Phœbé montre entre deux nuages son visage lumineux, mais pâle ; elle se décide à paraître quand nous n'avons plus besoin d'elle. » Ces lignes sont les premières que je me *vois* écrire depuis dix heures hier soir.

Les oiseaux commencent à chanter vers trois heures, tandis que la clarté du matin s'annonce avec lenteur. La nature est bien en retard, ce matin ; mais nous constatons que les habitants sont matineux dans cette contrée ; déjà nous en distinguons sur les chemins. Descendus à 600 mètres, nous essayons de les héler au porte-voix et de leur demander le nom de leur pays ; mais ils ne nous répondent que par des mots finissant en *gnac* que nous ne comprenons pas. Nous leur demandons alors: « Dans quel département sommes-nous ? — Confolens, répondent-ils. — Bien ! Quel arrondissement? ajou-tai-je. — Charente. — Parfait. »

Nous avons enjambé la chaîne des montagnes du Limousin (pointe-nord), grâce à l'abandon de la majeure partie du lest qui nous restait. L'aérostat relève lentement sa route et vogue désormais à 1200 mètres. La magnifique campagne qui se déroule sous nos regards nous invite à descendre avant que le vent se lève, et nous tirons une première fois la soupape à quatre heures pour arriver à 500 mètres ; puis une seconde fois, et nous ne sommes plus qu'à 100 mètres du sol.

Le thermomètre marque successivement 16, 15 et 14 degrés à mesure que nous descendons, et nous montre ainsi que l'air est plus froid à cette heure dans les vallées que sur les plateaux. Comme nous traversions une plaine magnifique et légèrement accidentée, avant d'arriver à une nouvelle chaîne de collines, nous aperçûmes les tours du vieux château de La Rochefoucauld. Une petite avenue entre les blés et les vignes se dessinait dans notre direction. Nous nous abaissâmes lentement, comme un oiseau paresseux, et ce fut avec une certaine jouissance que nos poumons respirèrent l'air parfumé des senteurs sauvages de cette campagne assez éloignée de Paris.

Après avoir admiré le vénérable et magni-

fique château ducal, nous partîmes pour Angoulême, traînés par deux chevaux superbes, moins
rapides pourtant que l'aérostat. Nous visitâmes
à Ruelle les fonderies d'artillerie de marine. Là
se terminaient les deux canons monstres de
38000 kilogrammes que l'on destinait à l'Exposition. Là cent cyclopes aux bras de fer travail-
lent jour et nuit près des fournaises pour le perfectionnement des engins de destruction et d'as-
sassinats internationaux... Quels rapides progrès
ferait l'instruction générale, et quels travaux
scientifiques s'opéreraient, si le budget de l'Instruction publique recevait seulement la moitié
des sommes consacrées à l'art odieux de la destruction !

Les feux de la Saint-Jean brûlaient le soir
autour d'Angoulême, aux environs, dans les
faubourgs et jusque sur les remparts. Hommes
et femmes tournaient en dansant autour des
flammes et sautaient par-dessus tour à tour. Nous
étions évidemment bien loin de Paris. Si nous

étions arrivés en ballon au-dessus de ces feux, nous aurions sans aucun doute été fort étonnés.

Parmi les souvenirs que je garde d'Angoulême, je mentionnerai les cintres irréguliers de la cathédrale, la tour carrée et le temple maçonnique. Mais ce que j'oublierai le moins, c'est d'avoir été porté debout sur une simple feuille de papier à la fabrique de MM. Lacroix frères.

Le train qui part d'Angoulême à quatre heures du matin n'arrive à Paris qu'à huit heures du soir. Nous étions venus de Paris en onze heures et demie.

Notre ligne aérostatique mesure 460 kilomètres, parcourus entre 4 h. 45 m. du soir et 4 h. 20 m. du matin, en 11 h. 25 m., ce qui donne, comme résultat moyen, environ dix lieues à l'heure (sans stations). Cette vitesse n'a pas été constamment la même pendant toute la durée de la traversée. On voit facilement, sur la carte de ce voyage, que la plus grande vitesse se manifeste dans l'intervalle compris entre

5 h. 15 m. et 6 h. 45 m. du soir, qui correspond précisément à la plus grande hauteur atteinte.

La projection de la route aérostatique dessine un arc de cercle sensible. Ce fait, et l'observation analogue répétée en d'autres voyages aériens, m'a conduit à penser que les courants de l'atmosphère ne voyagent pas en ligne droite, mais en ligne courbe, infléchie sous l'influence du mouvement de rotation de la terre.

Si j'eusse été seul, j'aurais aimé continuer ma route jusqu'à Bordeaux et l'Océan ; mais mon pilote prudent craignit le vent. Il eut raison sans doute, car, une demi-heure après notre atterrissement, un vent violent s'éleva et nous obligea à faire dégonfler le ballon, contrairement à mes désirs.

Les études principales de cette longue traversée avaient été l'examen de la nature et de la constitution physique des nuages (On trouvera, comme nous l'avons dit, les résultats scientifiques à la fin du volume).

VII

ASCENSION AU COUCHER DU SOLEIL

Promenade aérienne aux environs de Paris. — La grande cité
vue de l'occident. Plan topographique. — La forêt de
Saint-Germain. — Expérience sur la chute des corps. —
Une descente accidentée.

Quelque temps après mon voyage aérostatique de Paris à Angoulême, une petite excursion aérienne m'emporta, le 30 juin 1867, sur
la ravissante vallée de la Seine qui fleurit à
l'ouest de notre grande ville. Ce n'est ici
qu'une promenade à une faible hauteur, pendant
laquelle j'étudiai principalement la marche du
psychromètre et l'humidité relative de cette région. Le ciel était d'une grande pureté et l'air
très calme. C'est à peine si une légère brise

soufflait de l'est-sud-est, tiède et lente comme celle du rivage de la mer aux approches du soir.

Porté par une main invisible, l'aérostat s'éleva lentement vers l'ouest de la capitale et vint planer sur l'Arc-de-Triomphe.

Certes, ni Memphis, ni Thèbes, ni Rome ne présentèrent à l'étranger un *atrium* d'une telle majesté. Il semble, en avançant vers cette arche immense, que la gloire de tout un peuple et l'histoire de tout un monde veillent là, immobiles sur leur trône de pierre, incarnées dans un roc impérissable. Les siècles successifs salueront avant de mourir, sans oser le toucher de leurs mains caduques, ce monument sans égal, qui restera debout dans l'avenir longtemps après que la guerre et les armes auront disparu de la scène du monde, et qui planera sur les ruines de l'antique capitale comme le solide témoignage de la cause qui aura régné le plus longtemps sur les hommages de l'humanité terrestre. Amour de la patrie ! Gloire militaire ! Vous aurez enflammé les cœurs, vous aurez soulevé les peuples pendant bien des générations, jusqu'au jour où l'humanité arrivée à l'âge de raison s'étonnera de cette noble barbarie — et sourira des lauriers décernés aux Césars par les peuples primitifs.

Je contemplais cette arche héroïque dorée par le soleil couchant et qui s'élevait lentement comme un géant au milieu d'un peuple de pygmées, à mesure que l'aérostat s'élevait lui-même et s'éloignait dans la direction du soleil. Mais la grandeur de l'arc de l'Étoile s'humiliait elle-même devant notre ascension ; l'essor de l'aérostat semblait dédaigner cette porte de rois et s'envolait joyeusement dans le ciel des dieux, comme la flamme de l'*intelligence* qui dédaigne et méprise la puissance de la lourde *matière*.

L'arc de l'Étoile est le dernier monument que l'on distingue à l'ouest, et lorsque la grande

cité a disparu dans la brume, il reste encore
debout dans le rayonnement du soir. Nous ne
l'avons pas perdu de vue jusqu'à notre descente.

J'ai déjà dit qu'au moment du départ l'impression de celui qui quitte la terre n'est pas
telle qu'on la suppose, et que, loin d'être ému
au premier essor de l'ascension, on ne s'aperçoit même pas que l'on ne touche plus le sol;
c'est seulement en atteignant une certaine
élévation, lorsqu'une immense étendue se développe au-dessous de soi, qu'on a conscience
de son isolement et que l'on se reconnaît suspendu à une sphère de gaz dans les hauteurs
du vide. Il n'en est pas de même pour ceux qui
restent à terre et nous voient partir. Leur sympathie, leur affection, subit une impression
beaucoup plus vive que celle que nous éprouvons nous-mêmes. Le cœur qui bat avec le nôtre
croit sentir un vide immense s'ouvrir et une
séparation irréparable s'opérer. Nous aban-

donnons la terre pour nous éloigner dans les mystérieuses régions d'en haut. Le regard anxieux qui suit avec persistance notre vol vers le ciel se laisse tristement dominer par l'idée que nous pourrions ne plus redescendre, et nous perdre pour toujours dans les régions des étoiles.

La statue de Napoléon, que des principes de dynastie ont reléguée de la colonne Vendôme au rond-point de Courbevoie, pour placer définitivement César au-dessus de Paris, est diamétralement au-dessous de nous 15 minutes après notre départ. Vu d'en haut, il est difficile de reconnaître l'empereur, car la perspective et le jugement se modifient suivant l'élévation de l'œil au-dessus du niveau commun des hommes. Mais Napoléon porte ombre, et c'est précisément cette ombre qui nous le fait reconnaître : je dessine facilement le profil de son chapeau, de son manteau et de la redingote grise.

Du rond-point de Courbevoie, on jouit de l'une des plus belles vues du monde : notre balcon plane directement sur le prolongement de l'avenue de la Grande-Armée, au delà de laquelle se succèdent l'avenue des Champs-Élysées, les Tuileries, le Louvre, la Bastille, le bois de Vincennes. Que la capitale du monde est admirable vue de là, couronnée de ses dômes, de ses tours, de ses gloires de tous les âges ! Il semble que l'esquif aérien ne puisse s'en détacher lui-même qu'avec peine.

Notre direction nous emporte au nord-ouest. Nous passons d'abord sur Nanterre et sur Montesson ; puis notre ligne s'accentue mieux au nord et nous entrons sur la forêt de Saint-Germain à Carrières-sous-Bois. Nous traversons une première fois la Seine à Neuilly, une deuxième fois au-dessus de Chatou, une troisième fois à Carrières-sous-Bois, une quatrième fois en amont de Poissy. Nous la retrouvons une cinquième fois à Triel, suivons son cours jusqu'à Vaux, et après avoir franchi sans fatigue les rudes collines d'Évêquemont, nous descendons à Meulan. La grande ville ne cesse pas d'être visible, et de la forêt de Saint-Germain nous distinguons encore parfaitement l'obélisque, se dressant comme une aiguille blanche sur le bois vert sombre des Tuileries. Là seulement elle peut s'appeler *l'aiguille* de Cléopâtre.

L'hygromètre, qui marquait 78 degrés d'humidité au départ et 77 à l'arrivée, au sol, s'est constamment tenu pendant la traversée entre 50 et 54. Il descendit à 56, 58 et 60 lorsque nous arrivâmes aux collines qui bordent la Seine. Le psychromètre suit la même marche. Notre hauteur n'a pas dépassé 700 mètres.

Vers 6 h. 45 m., l'ombre du ballon devint blanche, telle que je l'avais vue le matin de notre ascension au-dessus de la Loire. Elle se projetait alors sur les campagnes qui occupent intérieurement le coude de la Seine au nord du bois du Vésinet. En examinant attentivement les conditions de sa production, je finis par constater que cette ombre blanche est due à la réflexion des rayons solaires sur l'herbe humide des prairies, soit le matin, soit le soir.

Lorsque, par suite de la marche de l'aérostat, cette ombre arriva sur la Seine, elle devint complètement invisible. Sur la forêt de Saint-Germain, elle parut formée d'une immense auréole blanche, dont le centre était occupé par un cercle noir. J'ai reçu à propos de cette ombre une dizaine de lettres fort curieuses. Les plus importantes sont celles d'un médecin de Sainte-Hermine (Vendée), et d'un jardinier de Fronte-nay-Rohan, qui attribuent avec juste raison ce phénomène à l'humidité du sol. La dernière m'assure que si je m'étais promené le matin dans la rosée, je n'aurais pas tardé à voir l'ombre de ma tête environnée d'une auréole sacrée, et elle ajoute que sans doute n'étant ni cano-nisé, ni en conditions de l'être, je n'aurais pas cherché dans la vie des saints, mais plus simplement dans un fait naturel, la raison de mon apothéose.

A mesure qu'on approche de la terre à la descente, l'auréole s'évanouit pour laisser place à l'ombre opaque de l'aérostat qui grossit progressivement et, pour nous dans la nacelle, se rapproche de notre fil à plomb. Le soleil n'étant jamais au zénith en France, et le plus souvent à une hauteur moyenne soit avant, soit après midi, le rapprochement de l'ombre du ballon vers notre verticale nous indiquerait, à défaut d'appréciation directe, notre hauteur au-dessus du sol. L'ombre arrive en contact avec nous quand nous touchons. L'observation de la marche de l'ombre pourrait aussi, en certaines circonstances, servir à la détermination de la direction de l'aérostat. Mais il est préférable de pointer directement au-dessous de la nacelle sur la carte topographique.

Illuminé par la lumière dorée du soleil couchant, le panorama que nous avions sous les yeux était particulièrement splendide, et donnait à l'esprit ces moments de contemplation, si rares dans la vie, qui nous impressionnent avec tant d'intensité que nous voudrions les croire éternels. Que la nature est belle, appréciée d'un tel observatoire, et comme on comprend bien l'enthousiasme des premiers hommes qui s'adonnèrent aux charmes de la navigation aérienne ! Mais il semble que la conception humaine soit incapable de demeurer longtemps dans les hauteurs de la contemplation pure ou dans l'apothéose de la gloire, car dès ces premiers jours, les annales de l'aérostation nous ont conservé les vestiges d'exagérations qui touchent au burlesque, et que l'on pourrait nommer les petites comédies du ciel. Tel est, par exemple, l'acte de cet aéronaute patriote qui, en 1791, le jour de la fête de la Constitution, se trouvant au-dessus d'un panorama de la grandeur de celui-ci, poussa l'enthousiasme jusqu'à se déshabiller nu dans la nacelle, et là, dit-il, « devant Dieu et devant la nature, je jurai fidélité à la République, et *je lus à haute voix la Déclaration des Droits de l'homme ;* l'Éternel reçut mon serment ; alors je descendis en jetant çà et là des exemplaires de la Constitution. » Naïveté digne des temps héroïques !

Tandis que nous voguions au-dessus de la forêt de Saint-Germain, je renouvelai l'expérience de l'indépendance des mouvements simultanés, en laissant tomber une bouteille du haut de la nacelle. Au lieu de descendre verticalement, elle resta attachée au ballon comme par un fil invisible (ce fil n'était autre que la vitesse acquise dans l'aérostat même) et descendit comme si elle glissait le long d'une corde pendante de la nacelle. Je l'avais laissée tomber au-dessus d'une pièce d'eau : elle a déjà traversé une route, elle arrive sur une ferme. Pourvu qu'elle ne défonce pas la maison comme un boulet dont elle aura la vitesse et la force en arrivant. Heureusement, elle continue sa promenade et ne touche terre que dans un champ éloigné.

La chute dura 10 secondes, ce qui vérifia notre hauteur barométrique, qui était alors de 480 mètres.

Si l'on était sûr de planer sur un point inhabité, il y aurait de curieuses expériences à faire. Ainsi, à 4000 mètres de hauteur, un boulet qu'on laisserait tomber du haut de la nacelle, n'emploierait pas moins de 29 secondes à tomber, et arriverait au sol avec une vitesse de 280 mètres par seconde. Si, au lieu d'un boulet, c'était un aéronaute qui fît l'expérience sur lui-même, on voit que son corps se trouverait réduit par le choc à ses dernières molécules, et que les ossements eux-mêmes seraient en poudre : ce serait une bouillie très chaude, à cause de la transformation du mouvement en chaleur [1]. Il

1. Il peut être agréable pour quelques lecteurs de calculer la

paraît qu'un jour un Anglais, pénétré de spleen, et décidé à partir pour un monde meilleur, faillit jouer ce tour à Robertson et à lui-même. Il n'était monté en ballon que pour s'y donner l'émotion d'un suicide rare, et, pendant que l'aéronaute avait le dos tourné, se mettait en devoir de couper tranquillement les cordes de la nacelle. Décidé à mourir, l'étrange voyageur ne voulut pas entendre raison, il déclara qu'*il*

durée de la chute des corps du haut d'un ballon selon les différentes hauteurs. La formule est des plus simples :

$$T = \sqrt{\frac{2\,H}{9,8088}}$$

c'est-à-dire que le temps de la chute, exprimé en secondes, s'obtient en prenant la racine carrée du double de la hauteur divisé par 9,8088. Quant à la vitesse acquise par un corps qui tombe de la nacelle $V = \sqrt{2 \times 9,8088 \times H.}$ Le tout abstraction faite de la résistance de l'air.

Le 31 octobre 1880, un pauvre gymnasiarque, qui avait eu l'inqualifiable imprudence de se suspendre à un trapèze emporté par une montgolfière sans nacelle, lâcha prise à 600 mètres de hauteur et tomba dans un jardin de Neuilly avec une telle violence que, quoique broyé par le choc, son corps sauta à plusieurs mètres après avoir modelé son empreinte dans le sol. Il était arrivé à terre, couché horizontalement, avec une vitesse de 108 mètres par seconde.

avait payé et que son voyage n'avait pas d'autre but. Robertson, voulant éviter toute discussion désagréable, ouvrit immédiatement la soupape, et le ballon était revenu à terre avant que la discussion eût pris mauvaise tournure.

Cette histoire rappelle l'anecdote rapportée par Arago sur la chaise de Gay-Lussac. Pour s'élever le plus haut possible, celui-ci jeta par-dessus bord divers objets, entre autres une chaise en bois blanc que le hasard fit tomber sur un buisson, tout près d'une jeune fille qui gardait les moutons. Quel ne fut pas l'étonnement de la bergère! comme eût dit Florian. Le ciel était pur, le ballon invisible. Que penser de la chaise, si ce n'est qu'elle provenait du paradis! On n'avait à opposer à cette conjecture que la grossièreté du travail; les ouvriers, disaient les incrédules, ne pouvaient, là-haut, être si inhabiles. La dispute en était là, lorsque les journaux, en publiant toutes les particularités du voyage de Gay-Lussac, y mirent fin, et

rangèrent parmi les faits naturels ce qui jusqu'alors avait paru un miracle.

Mais nous nous approchons de la Seine, vers
laquelle nous descendons obliquement en ligne
droite ; le soleil éblouissant continue de s'y ré-
fléchir. En passant au-dessus du fleuve, nous
nous penchons pour y chercher notre image,
et nous voyons avec curiosité notre globe
rougi traverser lentement le miroir de l'onde.

On m'a souvent demandé quel moyen nous
avons de savoir où nous sommes. La chose est
fort simple, en vérité. Dès les premières minutes de notre ascension, nous connaissons la direction vers laquelle nous sommes emportés.
Après avoir franchi les fortifications, nous
voyons d'avance notre chemin, et à l'aide d'une
excellente carte des environs de Paris, nous
pointons le moment précis où nous passons
sur tel fort, tel clocher, telle route, tel point facile à constater. Lorsque nous sommes sortis
de la carte des environs de Paris, nous prenons

celle du département dans lequel nous entrons, ou même simplement une carte de France détaillée, et par nos points de repère, nous traçons sur la carte même la ligne parcourue[1]. Au delà de la France, on déploie la grande carte d'Europe, et ainsi de suite. Nous savons ainsi *toujours où nous sommes, toujours où nous allons*, et avec quelle vitesse nous marchons. La boussole ne sert que rarement.

Lorsque les nuages s'interposent entre la terre et nous, la reconnaissance est moins facile. Néanmoins, par le point où nous planions, lorsque la terre commença à nous être cachée, nous préjugeons encore notre position. Ainsi, on se souvient que, le jour de notre voyage d'Angoulême, nous entendîmes au-dessus des nuages un excellent orchestre jouant l'*Ame de la Pologne*, et que nous jugeâmes que cette musique venait

1. L'*Atlas départemental* de Joanne, si exact et si précis, m'a rendu les mêmes services que la carte de l'État-Major. Il suffit pour les voyages en ballon comme pour les voyages pédestres.

de la ville d'Antony. Or, j'ai eu le plaisir de recevoir de M. le directeur de la Société philharmonique de cette ville une gracieuse missive, m'apprenant que l'air exécuté était bien celui dont j'avais imprimé le titre dans mon compte rendu, que la fanfare était alors réunie dans la cour de la mairie, et qu'au moment où l'on nous avait aperçus dans une éclaircie, cet habile directeur nous avait fait l'honneur de saluer notre passage par cette sérénade grâcieuse.

Après avoir traversé la Seine, nous voguions à une faible hauteur du sol, et je notais les indications du psychromètre, lorsqu'une interpellation nous arrive d'en bas : « Messieurs, vos papiers ! » Quels personnages nous adressaient ainsi cette indiscrète question ? Le lecteur l'a déjà deviné, et peut-être a-t-il déjà fredonné l'air :

> Deux gendarmes, un beau dimanche,
> Chevauchaient le long d'un sentier.

Car c'étaient bien deux gendarmes, chevauchant le long de la route de Saint-Germain.

Comme nous ne pouvions nous décider à leur jeter nos passeports (il y avait du reste une excellente raison pour cela), Godard les invita à monter les vérifier, et vida un sac de lest sur leurs têtes ; les deux agents de la sûreté générale continuèrent aussitôt leur route, en devisant sans doute sur l'avenir de la gendarmerie dans ses rapports avec les progrès de la navigation aérienne.

C'est en planant ainsi sur les campagnes qu'on apprécie exactement la division des propriétés et le morcellement des terrains. Les champs de blé, d'avoine, d'orge, de seigle, de pommes de terre, les prés, les trèfles, les vignes tapissent le sol et en font une sorte de damier longitudinal. Tout est minuscule ; mais chaque citoyen a aujourd'hui sa place au soleil.

Pourquoi ne rapporterai-je pas que, tandis que nous passions sur Vaux et sur d'autres

bourgs, les cris de : « Eh ! Flammarion ! » s'é-
levant jusqu'à nous, nous montrèrent que nous
étions loin d'être en pays étranger.

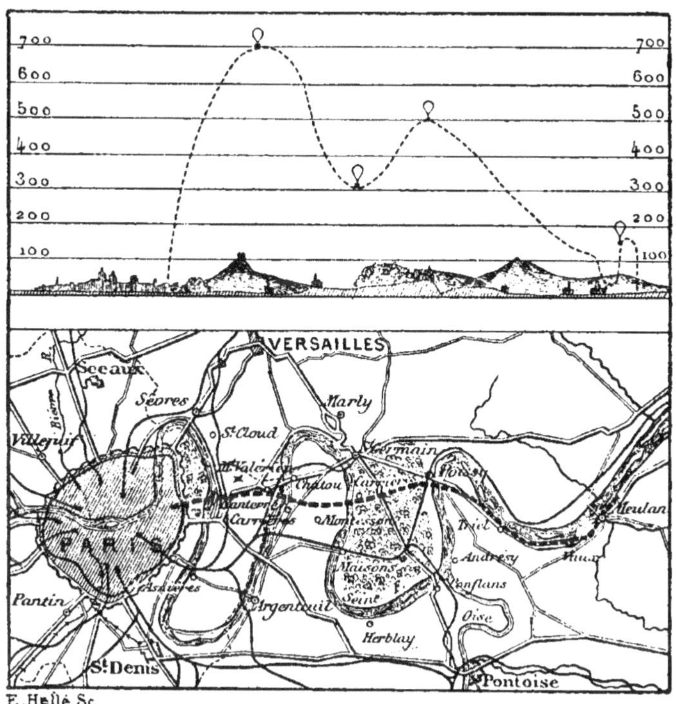

Promenade aérienne aux environs de Paris.

Nous naviguions à moins de cent mètres de
hauteur. Notre aérostat *tourna sensiblement*
suivant la colline qui borde la Seine. Cependant
il ne s'attacha pas obstinément au cours du

fleuve et enjamba la côte rapide. Les vallées et les rivières modifient localement la transmission générale des courants aériens.

La foule arrivait de toutes parts et semblait sortir de terre comme des grains de chapelet. Nous choisîmes pour lieu de descente le chemin pittoresque qui conduit à Meulan, et Godard tira la soupape. Mais, ô hasard! la brise de terre souffle précisément vers la ville. Tous les bras ouverts pour nous recevoir durent s'abstenir, et le vent lui-même se chargea de nous porter à l'entrée de la ville, en même temps que plusieurs centaines de voix nous accompagnaient de leurs éclats joyeux.

Un incident, dont les suites auraient pu avoir quelque gravité, termina cette excursion. Arrivés à l'entrée de la ville, les habitants demandèrent à nous remorquer à ballon captif jusqu'à la place. Mais il fallut passer les fils des réverbères. Le premier fut dominé sans encombre, grâce à la combinaison des deux cordes par lesquelles on nous retenait. Mais, en arrivant au second, la rue, très étroite, opposait à notre passage corniches, toits et cheminées. A un certain moment critique, l'une des cordes rasa une façade dont les fenêtres laissaient passer des têtes trop curieuses, et faillit guillotiner une joyeuse commère ; soudain la nacelle heurta brusquement une cheminée. Les ordres ne purent être ponctuellement exécutés, et, dans cet instant d'inquiétude, on abandonna la seule corde par laquelle on nous retenait.

Le ballon, délivré, s'envola, au grand désappointement de la foule, et nous fûmes emportés par-dessus la ville pour aller nous abattre dans le cimetière, au milieu des tombes, qui paraissaient s'écarter pour nous recevoir. Des corbeaux s'enfuirent en jetant leurs cris lugubres et l'ancre allait heurter et arracher une croix plantée sur une fosse récemment fermée, quand un sac de lest nous fit faire un nouveau bond jusqu'à la Seine.

Mais nous ne descendîmes point pour cela sur la surface de l'onde perfide ; nous pûmes atterrir en face l'*Ile-Belle*, dans une ravissante prairie, où toute la population précédait notre pied-à-terre, et de laquelle s'établit bientôt une longue procession dont nous formâmes la tête, jusqu'aux Mureaux, où se donnait une fête aussi gaie que bruyante.

L'astre radieux du jour se couchait au milieu des nuées de pourpre bordées d'or et d'écarlate. En arrivant à terre, au milieu des acclamations étourdissantes d'amis inconnus qui organisaient un triomphe d'une heure, je regrettais d'avoir quitté la contemplation supérieure, et de ne pouvoir, le lendemain matin, assister à la résurrection de ces splendeurs dans les régions lumineuses de l'atmosphère.

VIII

DE PARIS EN PRUSSE

PAR ROCROI, LIÈGE, AIX-LA-CHAPELLE ET COLOGNE.

Traversée de la France et de la Belgique.— La pluie et l'orage
en ballon.— Le coucher du soleil, le crépuscule et la nuit.
Les silences des solitudes supérieures. — La Meuse et
les hauts-fourneaux de la Belgique. Aurore. Paysages
aériens. Étude de la formation des nuages. — *Sublime lever
de soleil* vu à deux mille mètres au-dessus du Rhin.— Descente à Solingen (Prusse rhénane).

Les sciences d'observation ne progressent et
ne peuvent progresser qu'avec lenteur. La météorologie surtout est une étude complexe et
laborieuse, dont les éléments sont disséminés et
fugitifs, et ne pourront être comparés et réunis
que par des travaux longs et patients.

Les ascensions qui précèdent ont été bien différentes les unes des autres, et chacune d'elles peut être caractérisée par un état atmosphérique particulier. Celle du 14 juillet 1867 devait encore différer des voyages antérieurs. Le ciel avait été pluvieux pendant une partie de la journée. Notre aérostat lui-même avait reçu la pluie de 2 à 3 heures et vers 4 heures un quart. Nous partions à 5 heures 22 minutes, par un temps nuageux, après une ondée d'orage et sous un bon vent.

Nous passons perpendiculairement au-dessus de l'Arc-de-Triomphe, qui en ce moment nous apparaît sous la forme d'un rectangle de pavés dont la bordure est occupée par une centaine de têtes. Cela nous fait songer aux têtes coupées du sérail ; mais cinq minutes ne s'étaient pas écoulées depuis notre départ que nous traversions silencieusement le ciel au-dessus du cimetière Montmartre. Là, sous nos pieds, dorment cent mille corps humains, qui travaillèrent pendant la vie pour acquérir des biens qu'ils n'ont pas emportés.

Ci-gisent la dame aux camélias et l'auteur de la *Vie de Bohême*. Ici dort, pour jamais, un jeune et ardent officier, mon cousin et presque mon frère, qui, ne partageant pas la haine et le mépris que je porte à l'odieuse institution de la guerre, s'engagea pour les campagnes d'Afrique, et revint tomber à Paris, rongé jusqu'à la moelle par les fatigues de la vie des camps. Ici sommeille Auguste Godard, l'un des frères de mon aéronaute, qui, après l'avoir accompagné dans ses voyages d'Europe et d'Amérique, succomba à Paris des suites des variations extrêmes de température et des agitations que son tempérament plus délicat n'avait pu supporter. Sa tombe a été notre premier point de repère.

Déjà nous planons à une hauteur de 750 mètres. Nous avons laissé Saint-Denis à notre gauche et nous remarquons qu'un nuage léger est suspendu au-dessus de Paris, mais ne touche pas le sol. Aujourd'hui ce n'est plus une masse de poussière, mais un véritable nuage. La

grande capitale s'enfuit à tire-d'aile et ne tarde
pas à disparaître par notre brillant essor. La
haute flèche de la basilique de Saint-Denis, qui
jadis montrait à Louis XIV, de la terrasse de
Saint-Germain, la dernière demeure des rois de
France, s'éloigne aussi de nous à pas rapides.
L'aéroscaphe céleste domine déjà les choses
humaines. Il passe au-dessus du tombeau des
rois comme au-dessus du cimetière public et de
la fosse commune. Il traverse les provinces.
Dans quelques heures il traversera les frontières
des peuples. Comment fermer notre esprit à l'en-
seignement de cette sphère céleste, qui en nous
transportant au-dessus du monde des agitations
humaines, grandit si magnifiquement nos contemplations et nos jugements !

Nous avons remarqué, à notre gauche, le village de Gonesse ; c'est là que tomba le *premier
ballon* enlevé à Paris, au Champ-de-Mars, le **27**
août 1783. C'était un ballon isolé, auquel on ne
songeait pas encore à suspendre une nacelle ha-

bitée par des êtres vivants. Gonflé place des
Victoires, on l'avait conduit aux flambeaux,
pendant la nuit, à travers la capitale étonnée, et
jusqu'au Champ-de-Mars. Jamais pareil spectacle n'avait ému aussi profondément l'esprit
public.

Le globe s'était élevé rapidement, avait disparu dans un nuage, pour reparaître, plus haut
encore. L'enthousiasme fut si grand qu'un orage
impétueux et une pluie torrentielle n'empêchè-
rent pas les spectateurs — et les spectatrices en
grande toilette — de rester immobiles sur le
terrain du Champ-de-Mars, le visage élevé vers
le globe aérien. Arrivé à une grande hauteur, le
gaz fit explosion et l'enveloppe se déchira. Alors
le ballon redescendit, et, tombant à Gonesse,
jeta un effroi sans exemple chez les bons cam-
pagnards.

Les habitants accoururent en foule vers le
monstre tombé du ciel, et deux moines leur
ayant confirmé que c'était bien la peau d'un ani-

mal fabuleux, ils l'assaillirent à coup de pierres, de fourches et de fléaux. On raconte que le curé de Gonesse vint exorciser l'étrange bête, et qu'on se rendit en procession avec force détours et prières, vers ce demi-globe irrégulier qui tressaillait sous le souffle du vent. On n'approcha qu'avec lenteur, dans l'espérance que le monstre s'éloignerait. N'était-ce pas la bête de l'Apocalypse ? La fin du monde n'allait-elle pas sonner ?..... Enfin un brave, dont l'histoire n'a pas gardé le nom, se décide à marcher vers l'ennemi et à lui tirer un coup de fusil. La charge de plomb déchire l'enveloppe, le gaz s'échappe et la bête s'affaisse. Victoire ! Chacun veut lui donner le coup de grâce ; mais les plus pressés crurent être asphyxiés en respirant l'air empoisonné de ses blessures. On attacha les restes palpitants de la victime à la queue d'un cheval, et on les traîna à plus de mille toises à travers champs.

Le lendemain, pour prévenir le retour de

pareilles émotions, le gouvernement publia une pièce naïve, sous le titre de : « Avertissement au peuple sur l'enlèvement des ballons en l'air, » dans laquelle on explique que les ballons ne sont pas des animaux féroces, mais des globes de taffetas qu'on a gonflés d'un gaz plus léger que l'air, et dont on étudie l'ascension pour en faire un jour des applications utiles aux besoins de la société.

Toutes les fois que nous passons au-dessus d'un village, les volailles se mettent inévitablement à jeter des cris et les chiens à aboyer. Dans les airs, *jamais un oiseau n'ose approcher de l'aérostat.* Ainsi il est constant que notre véhicule aérien effraye ou du moins étonne singulièrement tous les êtres vivants, surtout les oiseaux. On le conçoit : c'est un grand animal, c'est un monstre... Oh ! ne nous craignez point, chers oiseaux : chantez, jouez, rêvez ou dormez en paix ; nous ne sommes ni l'épervier, ni le chasseur, mais votre ami, votre frère. Nous vous aimons, et c'est pour vous imiter que nous nous élançons dans votre doux royaume aérien.

Nous voguons dans la direction du Nord-Est, entre deux zones de pluie qui rayent l'atmosphère à notre gauche et à notre droite. La pluie qui tombe au soleil trace dans l'espace une oblique traînée blanche ressortant sur les nuages du fond. Au contraire, la pluie qui tombe dans l'ombre trace une traînée grise se dessinant nettement sur les nuées blanchâtres qui gisent au delà. Les dessins des nuages pluvieux et de l'obliquité de la pluie sont faciles à prendre. Ces nuages sont plus élevés que nous, volent plus rapidement et dans le même sens.

L'humidité de l'air, qui a diminué au commencement de notre ascension, augmente progressivement. Nous avions 71° à terre au départ, 67° à 5 h. 27 m. à 500 mètres d'élévation, 66° à 5 h. 40 m. à 515 mètres ; à 6 h. 22 m., l'hygromètre marquera 77° à 410 mètres, et 70°

à 820 mètres à 6 h. 35 m. Le thermomètre libre, qui indiquait 22° à terre au départ, est successivement descendu à 15°. Le psychromètre signale l'approche du point de rosée.

En passant au-dessus de Noéfort, je remarque sur la carte, à notre gauche, des désignations qui font penser au paradis terrestre : *Ève*, le mont d'*Ève*, le pont d'*Ève*. Voilà, sans doute, de fort jolis endroits, mais nous ne nous y arrêtons pas. Déjà, nous apercevons la ville de Laon sur son plateau ; elle n'est pas à notre horizon et se dessine en noir sur les terrains gris qui se continuent au delà de la plaine immense développée au-dessous de nous. Laon est à 80 kilomètres d'ici.

La pluie tombe sur tout le Nord et le Nord-Ouest, et le soleil ne nous a pas accordé la faveur d'un seul regard depuis notre départ. En cela, il a fort gracieusement agi, car si nous subissions quelque forte dilatation, la pluie, qui semble nous harceler et devoir nous atteindre, viendrait sans doute mettre un terme imprévu pendant la nuit à notre voyage au long cours.

Après avoir plané, de 5 h. 40 à 6 h. 30, à une hauteur moyenne de 750 m., nous nous allégeons de quelques kilogrammes, et nous nous élevons à une zone de 1300 mètres. La marche des instruments est soigneusement notée suivant ces variations d'altitude.

Nous avons déjà traversé quatre départements : Seine, Seine-et-Oise, Seine-et-Marne, Oise. Nous entrons maintenant dans l'Aisne et nous apercevons tous les contours de la forêt de Villers-Cotterets. On nous tire de temps en temps des coups de fusil ; nous aimons à croire que c'est en signe de salut. Les fumées vont au nord : il y a donc à terre un courant oblique au-dessous de nous.

Un fait assez curieux au point de vue de la météorologie et de l'hygrométrie a été observé sur la forêt.

Depuis longtemps nous apercevions de petits

nuages légers, situés bien au-dessous de nous,
et qui paraissaient suspendus, dans une immobilité absolue, sur le sommet des arbres. Lorsque nous arrivâmes vers le plus grand d'entre
eux, je reconnus qu'il planait à une hauteur de
60 à 80 mètres au-dessus d'une pièce d'eau.

Il était isolé de toutes parts et pouvait avoir
100 mètres de long et 80 mètres de large sur
20 mètres d'épaisseur. Mais ce qui nous frappa
le plus, c'est son *immobilité absolue*. Aucune
brise ne soufflait-elle à terre? ou le courant se
transformait-il en vapeur visible en passant
dans la colonne d'air supérieure à la pièce
d'eau? C'est ce que nous n'avons pu vérifier.
D'autres petits nuages offraient le même aspect
sur le cours d'un ruisseau. Il est difficile de
croire cependant que, tandis que nous marchons avec une vitesse de 11 mètres par seconde, à 500 mètres de hauteur, il n'y eût pas
la moindre brise en cette région du sol.

L'humidité de l'air varie suivant une loi

complexe. A 7 heures, l'hygromètre marque 80 degrés à 820 mètres ; à 7 heures 10 minutes, 85 degrés à 740 mètres ; à 7 heures 30 minutes, au-dessus de la forêt, 90 à 500 mètres ; à 7 heures 43 minutes, 85 degrés à 900 mètres.

Le thermomètre (plus régulier) marque 10 degrés à 940 mètres, 12 degrés à 750 et 15 degrés à 450.

Nous voyageons entre des zones de pluies éloignées. La fumée qui précède la pluie est poussée avec une grande intensité dans la direction de la pluie elle-même : c'est le seul signe indicateur que nous puissions consulter entre les nuages et la terre. La fumée qui, plus rapprochée de nous, se trouve à côté de la zone pluvieuse, se dirige comme par attraction vers cette zone en formant un angle droit avec la première.

Des panoramas tout nouveaux pour nous se déroulent dans la succession de ces paysages, dont les pluies d'orage ont singulièrement développé les parfums : les forêts succèdent aux forêts, les prairies aux prairies, et lentement la nature commence à s'endormir sous les ombres du crépuscule.

Vers huit heures du soir, un spectacle vraiment magique se dessina dans le ciel. Le lointain soleil, caché par les nuages supérieurs, éclairait cependant la pluie comme le feu d'une fournaise ardente. C'était comme un immense feu de Bengale rouge, brûlant sur la terre et s'élevant derrière les nues. Un instant la nature fut illuminée et colorée de cette clarté singulière ; on aurait pu croire que, le spectacle de la journée étant fini, le dieu du jour se donnait fantaisie de le couronner ce soir par un feu d'artifice bizarre et phénoménal. Les sommets des collines lointaines et les nuages du ciel s'étaient colorés de cette clarté rose, tandis que les montagnes noires, accoudées à l'horizon de l'occident enflammé, semblaient contempler cette grande scène comme des sphinx muets et rêveurs.

Bientôt le soleil lui-même, énorme sphère de fonte en fusion, apparut entre deux rangs de nuées violettes ; le feu de Bengale cessa, et ce fut comme une lumineuse clarté éblouissant le monde dans une scène de l'Apocalypse. Dix minutes plus tard, l'astre du jour disparaissait de son royaume, et nous poursuivions notre essor sous la clarté du crépuscule.

Pendant notre dîner, nous fîmes l'expérience de remplir entièrement un verre, à ce point qu'une seule goutte n'aurait pu lui être ajoutée, et que la feuille de rose de l'Académie silencieuse l'eût fait déborder. Nous voulions savoir si les oscillations et les grands mouvements de l'aérostat en renverseraient les couches superficielles. Il n'en fut rien ; tandis que notre sphère aérienne nous emportait avec la vitesse d'une locomotive, avec des ondulations verticales de plusieurs centaines de mètres, pas une seule goutte ne tomba, et la nappe ne fut pas tachée. Une bouteille que nous jetons par-dessus bord descend, comme nous l'avons vu, non suivant la verticale du lieu où nous l'avons abandonnée, mais suivant la verticale constante du ballon qui marche. Elle produit en tombant un bruit strident causé par la résistance de l'air, comme un boulet qui traverserait une nappe d'eau avec violence. Nous n'avons pu suivre la chute jusqu'à terre, car le papier dont nous avions enveloppé la bouteille en fut arraché pendant la descente.

Vers neuf heures, le crépuscule fit place à la nuit. Les nuages noirs qui nous poursuivaient depuis notre départ ont fini par nous atteindre, et, le ciel qui était resté inoffensif au-dessus de nous, commence à se couvrir de brumes menaçantes. La lune, qui a dû se lever à six heures, n'a pas encore montré, sous son voile de nuées, sa face pâle et mélancolique, et le ciel s'est au contraire obscurci rapidement. Soudain nous

nous trouvons enveloppés de noir. Nous avions gardé l'espérance que notre marche, un peu plus rapide que celle des nuages, nous sauverait de la tempête ; mais cet avertissement nous montre la triste réalité.

A 9 h. 15, le tonnerre gronde. A 9 h. 20 la pluie crépite sur le ballon et nous enveloppe. Étant définitivement atteints, nous nous décidons pour le meilleur parti qu'on puisse prendre (mais qu'on ne peut prendre qu'en ballon), c'est de *passer par-dessus* les nuages qui nous font ce désagréable cadeau. Le capitaine du bord prépare tous les agrès dans le cas d'une descente forcée ; puis par un premier abandon de lest, nous traversons le nuage pluvieux et atteignons 1200 mètres. Mais il paraît que ce n'est pas suffisant ! De nouveau le nuage arrive sur nous. Nous jetons alors le lest par kilos et nous atteignons une zone de 1700 mètres, où nous sommes pour toujours délivrés du malencontreux météore. Il importe fort, en effet, de ne pas se laisser mouiller. C'est une question capitale pour la traversée. L'aérostat pourrait en quelques minutes se couvrir d'une quantité d'eau suffisante pour l'entraîner dans les profondeurs et lui faire heurter les bas-fonds de l'océan aérien ; ce qui n'aurait rien d'agréable, surtout pendant la nuit. Supposons, en effet, que notre aérostat, dont la surface mesure 394 mètres carrés, se charge d'une couche d'eau de 1 millimètre d'épaisseur ; il subira par là même une surcharge soudaine de 394 kilogrammes. Si son hémisphère supérieur se couvrait seulement de la même épaisseur d'eau sur une étendue de 200 mètres, ce serait encore un poids additionnel de 200 kilogrammes valeur plus que suffisante pour nous entraîner jusqu'à terre. Une fois arrivés au-dessus des nimbes, nous entendîmes pendant une demi-heure la pluie tomber au-dessous de nous... sur le monde vulgaire.

La pluie a cessé, et la campagne redevient visible au-dessous de nous. Mais quelle est cette fête, quelle est cette lumière ! Là-bas, dans l'ombre, un orchestre un peu discordant exécute un quadrille très échevelé. Ce doit être une salle de bal, et sans doute un soir de fête publique. Quoi qu'il en soit, ils (et elles) paraissent s'amuser... comme on s'amuse à vingt ans.

Nous venons de passer sur la ville de Sissonne. Laon a dû s'éloigner à notre gauche pendant la pluie. Nous nous dirigeons maintenant vers le département des Ardennes. Les plateaux boisés et les chaînes de montagne ne s'élèveront-ils pas jusqu'à la hauteur de notre aérostat ? Non. Nous les franchirons avec une supériorité d'altitude de cinq ou six cents mètres.

A 11 heures, notre élévation est de 1600 mètres ; le thermomètre marque 7°, l'hygromètre 93. *Des forêts et des montagnes passent sous la carène de notre navire.* La lune, qui avait mangé les nuages, s'est de nouveau laissée cacher par un voile épais, et la pluie nous paraît tomber encore à l'est. Quel silence maintenant ! Solitudes profondes ! Nous sommes les seuls êtres vivants qui planions à cette heure sur les régions de la nuit et du sommeil. L'esquif aérien glisse à travers les nuées obscures, nous berçant dans le plus mystérieux des rêves.

Mais quel est ce pentagone de pierre posé au-dessous de nous sur les bois sombres de la terre ? Est-ce une forteresse gardant la frontière ? Est-ce une ville ceinte de bastions et de remparts ? Nous passons perpendiculairement au-dessus, et nous ne distinguons pas une seule lumière. Cependant, dans l'intérieur de cette fortification, il y a de longues files d'habitations régulièrement posées et de vastes places qui doivent être des champs de manœuvre. C'est Rocroi. Nous appelons les douaniers, nous crions de notre mieux, mais en vain. A notre hauteur, quelle voix descendrait jusqu'à terre ? Portés par l'aide du vent, *nous avons franchi des frontières qui n'existent plus pour nous, et nous voguons* maintenant sur les territoires si minutieusement cultivés de la Belgique.

L'astre des nuits a enfin pris possession de son trône aérien. Des nuées légères voilent encore sa face, mais n'arrêtent pas ses rayons argentés. Autour de cet astre, une auréole d'un aspect particulier se dessine vaguement. Bientôt, c'est un magnifique arc-en-ciel se déployant au-dessus du disque lunaire. On ne distingue que trois couleurs, le rouge, le vert et le violet ; encore ces nuances sont-elles fort pâles et peu définies. Bientôt, au lieu de se déployer au-dessus de l'astre, cette ceinture irisée vient envelopper Phœbé tout entière. Ce cercle était un *halo lunaire*. Un quart d'heure après, nous fûmes témoins d'un arc-en-ciel lunaire qui se dessinait pour nous seuls dans la solitude des nues.

Il est minuit. — Seuls voyageurs aériens, plongés dans la solitude de l'espace, nous n'avons autour de nous que le silence et les ténèbres. Les paroles que nous échangeons troublent seules ce profond silence ; nos conversations en ces sombres hauteurs semblent une dérogation surnaturelle aux lois qui régissent le monde. Les nuées vaporeuses s'envolent en roulant dans le vide immense, et, comme des armées de légers fantômes, s'enfuient au fond de la nuit. Les sylphes de l'air, invisibles mais actifs, ont écarté de leurs ailes flottantes les voiles qui cachaient le ciel à la terre, et bientôt, dans l'éclaircie transparente, les rayons argentés de la lune descendent baigner notre flottante demeure.

Au-dessous de nous se déroulent, vaguement estompées, des campagnes inconnues. La France s'est enfuie. Nous voguons maintenant sur la Belgique. Je note avec soin la marche des instruments et notre ligne aérostatique. Notre hauteur à minuit est de mille mètres. Elle augmentera bientôt. Pendant que j'écris ces diverses indications, le bruit d'une chute d'eau vient troubler le profond silence. Nous nous penchons pour examiner attentivement le terrain, et nous remarquons que, après avoir traversé une petite rivière, nous en traversons une seconde plus importante, qui ne peut être que la Meuse. En effet, ce fleuve vient du sud-ouest, accuse de nombreuses sinuosités, et nous en suivons le cours pendant quelque temps.

Beau fleuve, sois le bienvenu! Je suis né près de tes bords, sur la vieille montagne qui domine la plaine féconde où tu prends ta source. En jouant jadis auprès de toi, je n'imaginais guère que le jour viendrait où je te traverserais suspendu à ce léger globe. Tes eaux paisibles coulent vers le Rhin et la mer du Nord, où successivement elles tombent pour s'engloutir à jamais. Ainsi s'en va notre existence vers les régions du froid et du mystère, pour s'évanouir un jour dans l'océan inconnu vers lequel nous descendons tous...

— Ah! mon ami, que c'est beau! Ne rêvez

donc pas ainsi. Voyez-vous là-bas les lumières de Namur, à six ou sept lieues d'ici? Et tenez, en suivant, Huy et plus loin Liège. Nous voilà en plein dans la Belgique; nous pourrions bien écorner la Hollande avant d'entrer en Prusse !

Ces interjections de mon pilote étaient éminemment propres à écarter le rêve pour lui substituer la réalité. A gauche de notre route aérienne, on distinguait comme une longue vallée, et les villes échelonnées sur cette ligne sombre révélaient évidemment le cours d'une rivière. C'était une nouvelle vérification de l'identité de la Meuse qui, après avoir reçu la Sambre à Namur, fait un angle droit pour se diriger vers le nord-est.

Cette région de *Sambre-et-Meuse* nous rappelle la Compagnie des aérostiers militaires, qui fut adjointe aux armées de la République française de l'an II à l'an X. Voilà Maubeuge ; voilà Fleurus. C'est là que Coutelle arriva et prépara la victoire. Ces aérostiers militaires fu-

rent licenciés après les batailles d'Égypte, quoi
qu'ils eussent rendu de grands services à la
cause de la République. L'empereur avait-il eu
quelques motifs d'oublier les aérostiers? On se
souvient, en effet, que le jour du couronnement
de Napoléon, le ballon libre portant la couronne
impériale, formée par trois mille verres de couleur, partit de Paris le 16 décembre 1804, à
onze heures du soir, et arriva directement le
lendemain matin à Rome (le pape était retenu
prisonnier en France) annoncer aux Romains le
sacre de l'empereur. Cette montgolfière, pré-
parée par Garnerin, portait en lettres d'or sur
son équateur :

XXV FRIMAIRE AN XIII

COURONNEMENT DE L'EMPEREUR NAPOLÉON Ier

PAR SA SAINTETÉ PIE VII.

Le plus curieux du voyage est que le ballon
s'abattit précisément dans la campagne de
Rome et alla briser la couronne impériale sur

le pseudo-tombeau de Néron. Napoléon, qui croyait au destin, en garda-t-il quelque désappointement? Peut-être.

Mais nous glissons dans la nuit noire et profonde. Les villes éclairées de la Belgique et leurs hauts-fourneaux aux forges flamboyantes offrent au navigateur aérien le plus singulier spectacle. En même temps que le bruit sourd de la Meuse, on entend des sifflements lointains et l'on distingue, dans le fond de l'espace noir, des flammes et des fumées mystérieuses.

Green et Monk-Mason, qui accomplirent, le 6 novembre 1836, un long voyage de nuit, de Londres en Allemagne, et qui passèrent ici même, au-dessus de Liège et des hauts-fourneaux racontent que, après minuit, les clartés d'en bas s'éteignirent, que le ciel était sans lune, mais brillamment étoilé, et que néanmoins la nuit était absolue autour d'eux.

« Un abîme noir et profond, disent-ils, nous entourait de tous côtés ; et, comme nous tâchions de pénétrer dans ce gouffre mystérieux, nous avions de la peine à nous défendre de l'idée que nous nous formions un passage à travers une masse immense de marbre noir dont nous étions enveloppés et qui, solide à quelques pouces de nous, paraissait s'amollir à notre approche afin de nous laisser pénétrer plus avant dans ses flancs froids et obscurs. »

J'avoue que, dans tous mes voyages de nuit, — dont l'un a été accompli sans lune et par un ciel couvert, — je n'ai jamais éprouvé rien d'analogue à cette sensation de la vue. Je m'associerai plus intimement aux impressions de la traversée racontées par le voyageur anglais.

« Se trouver transporté dans les ténèbres, dit-il, au milieu des vastes solitudes de l'air, inconnu et inaperçu, en secret et en silence, traversant des royaumes, explorant des territoires, regardant des villes qui se succédaient avec une rapidité qui ne permettait pas de les examiner en détail : cette situation suffit pour rendre sublimes des scènes qui auraient eu en elles-mêmes moins d'intérêt. Si l'on ajoute à cela l'incertitude qui commence à régner dans notre voyage, incertitude qui couvrait tout des voiles du mystère et nous mettait dans un embarras pire que l'ignorance même, on pourra se faire quelque idée de notre singulière position ». Que l'on joigne à cet effet celui du silence et du froid, et le sentiment de cette suspension solitaire à cinq ou six mille pieds au-dessus de la terre, et l'on comprendra la vague préoccupation d'un tel voyage.

Par une période de profond silence et d'obscurité relative, nous entendîmes au-dessus de nous un bruit surprenant, comme si la soie du ballon avait éclaté et que le gaz se fût échappé en produisant le sifflement d'une sourde traînée... La cause de ce trouble était inoffensive. Le filet crépitait sur l'enveloppe capitonnée par l'action de l'humidité, et trois petits ballons que j'avais emportés pour ajouter au besoin leur gaz à celui du grand, après une première descente, se promenaient en roulant sous l'équateur de l'aérostat. Leur glissement produisait un bruissement léger qui, à cause du profond silence, paraissait plus intense.

Après minuit, le temps fuit avec une grande rapidité. A une heure et demie, l'aurore est déjà lumineuse au nord, quoique l'espace soit voilé de brouillards. Nous nous allégeons de quelques kilogrammes de lest et lentement nous nous élevons à 1200, 1300, 1400 et 1500 mètres. Nous laissons successivement à notre gauche les trois villes éclairées. A 2 h. 50 m., Liège passe avec ses hauts-fourneaux.

La lune, quand nous flottons au-dessus des nuages, brille avec un éclat extraordinaire et domine ce spectacle magique. Elle n'a qu'une pâle rivale : Vénus qui étincelle dans l'aurore.

Au-dessus de l'aurore, un tableau vraiment féerique se déploie. Des nuages de divers tons réunis en ces régions supérieures dessinent un

paysage étrange et déroulent devant nos regards émerveillés des vallons, des collines et
des plaines pittoresquement suspendus. Ce
paysage marbré ressemble à ceux que la nature a dessinés dans certaines agates imagées.
Parfois, sur les hauts plateaux grisonnants, on
distingue une ville avec ses tours et ses remparts, et au-dessus de ce panorama un ciel qui
la couronne; on croirait voir du haut d'une
montagne des Alpes une région cultivée, et,
plus loin, une ville antique se dressant à l'horizon à travers les brumes de l'air. Mirages ou
fantômes aériens : quels tableaux !

Quoique le ciel soit resté couvert d'un léger
voile, nous distinguons les campagnes aussi
nettement qu'en plein jour avant trois heures
du matin. Nous suivons le bord d'immenses forêts qui se succèdent à notre droite. A gauche
se déroulent des plaines cultivées. Ces plaines
(sont-ce des plaines ?) ont un aspect bien différent des terres françaises. Au lieu de rectangles

réguliers se succédant suivant des lignes parallèles et traçant sur la campagne un damier longitudinal, ce sont des polygones de toutes formes, de toutes grandeurs, juxtaposés sans succession régulière, comme les départements diversement coloriés qu'on voit sur une petite
carte de France. De plus, chacune de ces propriétés irrégulières est environnée d'une haie.
On croirait être en Irlande.

Le Rhin se dessine depuis longtemps, quoique nous en soyons encore éloignés de plus de
cent kilomètres. Nous laissons Spa à notre
droite.

La dernière ville de Belgique que nous
ayons traversée est Verviers. Nous entrons à
3 h. 40 m. par Eupen dans la Prusse rhénane
et franchissons une *nouvelle frontière*, celle
de l'Allemagne.

Vers 3 h. 15 m., voguant par 1800 mètres
d'altitude, l'hygromètre étant à 93 degrés et le
thermomètre libre marquant 5 degrés, nous as-

sistons à la *formation des nuages* qui naissent au-dessus et au-dessous de nous. La campagne, qui depuis le lever de l'aurore avait déployé sous nos regards ses variations de tons et de nuances diverses selon la culture du terrain, se dérobe progressivement sous le voile des flocons amoncelés. A peine avons-nous le temps d'admirer à notre guise la vaste plaine colorée, les routes, les villages, les bois et les champs, que des nuées blanchâtres surgissent de toutes parts. D'abord diaphanes, elles deviennent tout à coup opaques et nous cachent complètement la vue des régions inférieures.

Ces nuages naissent et s'évanouissent avec une rapidité étonnante, et l'on se demande quelle baguette de fée leur ordonne de naître invisiblement du fond des campagnes. Par suite des observations hygrométriques faites cette matinée, je suis porté à croire qu'il y a dans l'air même des *fleuves d'air* plus froids qui résolvent en vapeur visible les couches atmosphériques humides qui les traversent. Sous le moindre souffle d'air un peu plus chaud, les vésicules d'eau redeviennent invisibles.

Il y a de plus attraction des petites nuées entre elles. A peine quelques-unes se sont-elles formées en des points séparés, qu'elles se rapprochent pour se réunir. Nous avons vogué pendant deux heures au-dessus de ces nuages, qui occupaient une zone de 1000 à 1800 mètres d'élévation et pouvaient, par conséquent, mesurer, en certains points, près de 800 mètres d'épaisseur. Parfois notre navire aérien semblait voguer à la surface même de cet océan, et la résidence de l'humanité se masquait coquettement éclipsée pour notre regard et notre pensée.

Mais quels sont ces feux dorés qui s'allument à l'orient, comme si l'hémisphère de nos antipodes était embrasé?... C'est le lever du soleil qui s'annonce, et nous aurons le rare privilège de le contempler dans sa grandeur du haut de notre esquif, qui plane maintenant à deux mille mètres au-dessus de la vallée du Rhin. Notre chronomètre de Paris ne marque que trois heures et demie, et l'*Annuaire du Bureau des longitudes* annonce le lever du soleil pour 4 heures 14 minutes. Mais nous sommes à Aix-la-Chapelle, à 3° 44', ou 15 minutes à l'est du méridien de Paris, et à deux mille mètres d'altitude. D'ici nous distinguons, à notre droite, le duché de Luxembourg jusqu'au delà de Trèves, et à notre gauche la Hollande jusqu'à la mer du Nord.

L'œil mortel qui eut une seule fois le privilège de contempler l'arrivée triomphante du dieu du jour dans le monde aérien et d'assister, dans les hauteurs du ciel, à la glorieuse manifestation de sa splendeur, ne saurait oublier un tel spectacle et en gardera jusqu'au dernier sommeil l'image ineffaçable. Il y a sur la terre des impressions qui donnent une si haute idée de la nature, et qui nous la révèlent sous un aspect si imposant, que l'âme profondément émue en garde éternellement l'impérissable souvenir.

Lentement, insensiblement, la tendre et blanche clarté de l'aurore s'était affermie, et, semblable à un doux océan de lumière, elle emplissait l'atmosphère. Comme la mélodie d'un orchestre lointain semble d'abord un écho imperceptible, et progressivement augmente en grandissant l'enivrant murmure, ainsi la lumière était pour l'œil ce que la musique est pour l'oreille. La terre silencieuse attendait dans le recueillement, éveillée de son sommeil réparateur, mais comme accablée sous le prestige de la beauté céleste.

Le Rhin déroulait au loin ses anneaux d'argent, comme un serpent étendu sur la verte Allemagne, penchant là-bas dans la mer du Nord sa tête aplatie. La nature se taisait ; et si les petits oiseaux chantaient, c'était seulement un timide prélude à l'hymne du jour ! Bientôt un vaste rayonnement d'or s'élança de l'orient, comme un éventail fluide venant caresser de ses chatoyantes couleurs les nuages les plus élevés de l'atmosphère, et leurs légers contours s'allumèrent des nuances de la rose et de l'or.

..... L'orchestre augmente, et déjà parmi les moires flottantes, les bercements et les broderies mouvantes de l'harmonie, on distingue les frémissements célestes. Tout à coup, au moment où l'âme charmée se sent emportée vers ses rêves les plus élevés par le magnétisme du chant divin, l'orgue universel dont tous les jeux sont ouverts entonne pleinement l'éclatante fanfare de la vie !... Les accords solennels du mode majeur répandent dans l'espace le sublime poème de la mélodie sacrée. Le dieu de la lumière vient d'apparaître ; son disque immense flamboie entre les tentures de pourpre que l'Orient a écartées pour le recevoir !

A mesure que le soleil se levait lentement de l'hémisphère inférieur, notre aérostat s'élevait lui-même dans l'espace. Il atteignit 2300 mètres au moment où l'astre radieux, dégagé des couches des nuages inférieurs, vint planer dans un ciel double, formé par l'atmosphère supérieure grise et occupée elle-même par des traînées blanches très élevées.

A 3 h. 54 m., le soleil nous parut se lever une seconde fois. Caché par de longues files de nuages, ou aurait pu croire qu'il n'était pas encore arrivé sur notre hémisphère, lorsque nous le vîmes de nouveau à l'horizon, non plus rouge écarlate comme tout à l'heure, mais d'un blanc vermeil ; c'était le Rhin qui nous renvoyait son image éblouissante.

Avant d'atteindre Aix-la-Chapelle, nous distinguions déjà à l'œil nu la ville de Cologne, ou plutôt sa cathédrale, basilique géante dont la masse noire se projetait sur le ruban d'argent du grand fleuve. A 4 h. 26 m., nous passons perpendiculairement au-dessus de la gare de Düren (ligne d'Aix-la-Chapelle à Cologne).

Nous nous trouvions à 2400 mètres d'élévation, et nous passions au-dessus d'une plaine de nuages, lorsque les sons de l'*Angelus* vinrent frapper nos oreilles. C'était le premier bruit de la terre qui nous arrivait depuis la musique de bal qui avait suivi la pluie de la veille.

Le son des cloches est doux à entendre dans le ciel ; mais il ne nous fut pas donné d'en goûter le charme, car le bruit du canon vint aussitôt lui succéder, et pendant longtemps, de minute en minute, la voix de ce gracieux appareil de civilisation et de progrès vint gronder dans les nuages et s'étendre dans les plaines de l'air. C'était, nous dit-on, « l'artillerie de Muhlheim qui s'exerçait pour la guerre prochaine... » Nous ne nous doutions pas de ce que devait être cette guerre.

La ville antique de Cologne, où naquirent deux personnages aussi différents qu'une salve d'artillerie et la prière de l'*Angelus* (l'impératrice Agrippine et saint Bruno), dessine sous nos yeux un demi-cercle régulier soudé à la rive gauche du Rhin. Elle nous donne l'idée d'un escargot collé à une mince branche d'arbre tordue. Nous voguions paisiblement et magnifiquement à 1800 mètres de hauteur, admirant dans sa grandeur la riche campagne du Rhin, les sept montagnes qui dominent la pittoresque vallée, les vallons de la Westphalie qui s'avançaient sous nos pas, le cours du fleuve vers la grise Hollande, les plateaux noirs de l'Allemagne et les paysages coquets échelonnés sur les bords d'une rivière qui se jette dans le Rhin en aval de Cologne.

L'humidité de l'air avait successivement diminué, et l'hygromètre marquait 62°; le thermomètre était à la glace. Mais le soleil avait enfin percé les nuages et commençait à briller; c'était la plus belle heure de notre traversée et la période où nous devions jouir pleinement de la magnificence du spectacle; l'aérostat, loin de tendre à descendre, s'élevait encore sous l'action de la sécheresse de l'air ambiant. Quel est l'homme qui, sous l'impression d'un tel spectacle et se sentant dans une sécurité absolue dans

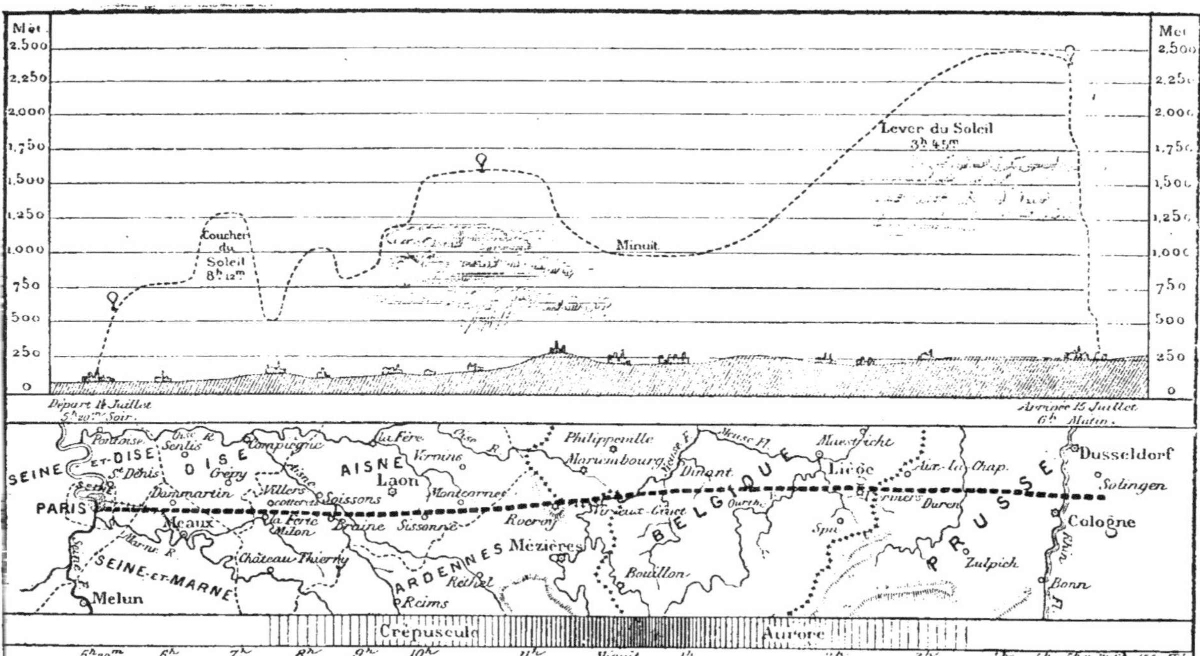

E. Helle. Sc.

Huitième Voyage. — DE PARIS EN PRUSSE, par Rocroy, Liège, Aix-la-Chapelle et Cologne.

13

les champs de l'azur, aurait laissé germer dans son âme l'idée de redescendre chez les mortels ? Hélas ! il y avait en ce moment un homme qui avait la nostalgie de la terre et qui regardait avec convoitise les vertes plaines de la Prusse, et cet homme c'était précisément Eugène Godard.

Le voyant préparer la corde de soupape, je le menaçai avec toute la sévérité dont je suis capable de le dénoncer à tous mes lecteurs. Je lui demandai seulement de nous laisser porter par le vent jusqu'à Berlin. Je lui représentai combien il serait flatteur pour sa célébrité d'aéronaute de faire une partie du tour du monde en ballon. Je lui expliquai que ma série d'observations météorologiques n'était pas encore terminée, que l'aérostat était excellent, qu'il n'y avait aucun danger, etc.

Mon compagnon m'assura qu'un voyage de 610 kilomètres (par la route) était déjà très beau ; il ajouta que nous n'avions presque plus

de lest pour notre ballon et rien à déjeuner ; il
termina son discours en me répétant que le
vent s'élève toujours dans la matinée, et que,
comme avec nos faibles ressources nous ne
pouvions voyager la journée entière, nous serions forcés de descendre avant midi, sans lest
pour faire face à une chute imprévue, et sous le
coup du vent intense des plaines. J'eus toutes
les peines du monde à le faire patienter jusqu'au Rhin ; mais à peine arrivions-nous sur la
verticale du grand fleuve, qu'il s'empressa,
pendant que j'admirais avec émotion le plus
splendide des panoramas, de tirer la corde de la
soupape.

Les trois petits ballons attachés au cercle nous
firent descendre en spirale : la terre tournait autour de nous, et nous paraissions précipités en
cycloïde dans les profondeurs de l'air. Le soleil
vint nous éclairer lorsque nous étions à 890 mètres. Les paysages inférieurs revêtirent des formes bien définies, et les montagnes élevèrent

leurs pics vers le ciel à mesure que nous nous approchâmes de la surface du sol. Descendant sur la terre d'Allemagne, nous avions eu la pensée d'arborer le drapeau français dans nos cordages. Lorsque nous arrivâmes assez bas pour distinguer les hommes, nous aperçûmes une multitude de paysans, aux costumes bizarres et d'énormes pipes aux lèvres, accourant à travers champs à notre rencontre.

A peine la nacelle avait-elle effleuré doucement le gazon des prairies, que de robustes bras étaient là pour la recevoir (notre plus grande peine fut d'empêcher de fumer). Bientôt nos oreilles furent abasourdies des cris exhalés par cent gorges allemandes, et nos yeux se promenèrent sur les têtes germaniques, et sur l'expression spontanée des jeunes filles rouges, aux jambes nues, qui approchaient avec curiosité.

Nous étions sur le territoire de Solingen, département de Dusseldorf, à 4° 45' à l'est du méridien de Paris, et par 51° 6' de latitude boréale, ayant parcouru à vol d'oiseau 550 kilomètres en douze heures et demie.

En effectuant notre descente, j'avais obtenu de mon pilote de laisser le ballon gonflé jusqu'au soir, afin de pouvoir continuer notre voyage « après déjeûner ». On nous amena donc captifs jusqu'à une place favorable pour nous recevoir, — mon premier soin fut d'abriter les instruments, de faire charger la nacelle de pierres et de remplacer le gaz perdu par celui des trois petits ballons ; notre intention était de renvoyer en France les bagages inutiles.

Le lieu de descente fut rapidement transformé en place de fête ; des jeux et des buvettes y furent organisés. Mais un orage malencontreux et tout à fait absurde vint à midi clore la fête et dégonfler le ballon. Nous nous dirigeâmes, ballon ployé, vers la ville de Cologne, où nous entrâmes à trois heures du soir, escortés d'une armée de curieux, et précédés d'un cavalier portant le drapeau tricolore.

Ici se clôt la première série des voyages scientifiques en ballon, que j'avais entrepris avec tant d'enthousiasme, et qui m'avait conduit à cette brillante traversée aérienne. Les absorbantes études de l'astronomie pratique se sont toujours opposées à l'organisation d'une nouvelle série de plusieurs voyages consécutifs, et, dans les ascensions dont il me reste à faire le récit, la prudence exagérée et un peu bourgeoise des aéronautes de profession m'a constamment empêché de réaliser le plus beau, mais sans doute le plus téméraire de mes rêves : vivre deux jours et deux nuits en dehors du monde terrestre inférieur, dans la solitude mystérieuse et sublime de ces plaines aériennes où tout est grand, tout est beau, tout est pur.

IX

ASCENSION DU 15 AVRIL 1868

Au Conservatoire des Arts-et-Métiers. — Les courants atmosphériques. — Étude complète du cercle anthélique. —
Le monde des nuages. — Descente à Beaugency. — Variété des voyages aériens.

Si au lieu de douze voyages aériens, c'était
cent ou mille que j'eusse à raconter, je suis
bien persuadé qu'on n'en trouverait pas deux
qui pussent s'identifier l'un à l'autre. Longtemps, les impressions seront neuves ; toujours
elles offriront à l'imagination des aspects inattendus. Nous n'avons, nous autres habitants de
la terre, guère plus d'idées sur la nature, la
grandeur et l'œuvre active de l'atmosphère, que
les poissons et les mollusques qui rampent au

fond de la mer n'en peuvent avoir sur la surface de l'Océan, sur les courants, les marées, les phénomènes lumineux et calorifiques qui s'accomplissent incessamment dans les couches maritimes supérieures. L'océan aérien constitue la vie et la beauté du globe. Nous végétons dans son bas-fond, ignorants des grands mouvements qui organisent sa circulation perpétuelle autour du monde, ignorants des grands spectacles incessamment déployés dans son sein. Le contraste est si frappant entre cet état d'inerte ignorance et la richesse du monde supérieur, que lorsqu'on a goûté à ces plaisirs d'en haut, on ne comprend pas que l'homme n'ait pas élu depuis longtemps domicile au-dessus des nuages, dans cette région si pure et si belle, où la pluie et la neige ne tombent jamais, où les vents bercent notre esquif sans se faire sentir, où la lumière et la joie inondent de rayons enchantés le contemplateur de la nature.

Cette ère arrivera sans doute : l'humanité ne

serait point complète sans ce perfectionnement, et c'est là probablement la condition actuelle des habitants de Saturne, enrichis d'un domaine naturel plus vaste et plus agréable que le nôtre et qui ont su mieux que nous prendre possession de leur planète. Quant à moi, mon plus grand désir serait que chacun de mes compatriotes pût faire au moins une fois en sa vie un voyage au-dessus des nuages. Après quelques générations, il n'y aurait plus ni octrois, ni douanes, ni frontières; le plaisir de respirer là-haut et de dominer les empires à son aise aurait accompli de lui-même la plus grande des révolutions. Chaque propriétaire voudrait avoir sa maison de campagne aérienne, son observatoire volant. Il y en aurait pour tous les âges et pour tous les goûts, et, comme on disait autrefois, pour *tous* les sexes. Comment se fait-il que les femmes aux facultés vives et entreprenantes ne se soient pas encore mises à la tête de cette émancipation toute céleste?

La nouvelle excursion aérienne qui fait l'objet de ce chapitre n'est pas aussi étendue que la précédente, et ne nous conduira pas au delà du Rhin. Mais elle a son caractère spécial. Ce ne sont pas toujours les choses les plus longues qui sont les meilleures, et la nature nous présente souvent, au moment où nous nous y attendons le moins, des spectacles intéressants que nous ne trouvons point quand nous les cherchons.

Remarquons en passant que la présence d'un aéronaute de profession est très utile pour la bonne organisation d'un voyage aérien. Non seulement la préparation de l'aérostat au moment de l'ascension et les soins qu'il demande nécessitent un travail auquel ne peut se livrer le météorologiste, occupé de son côté à la comparaison, à l'installation et à l'observation minutieuse de ses instruments, mais encore pendant toute la durée des voyages, la conduite du ballon qui flotte incessamment dans un équili-

bre instable commande à l'aéronaute une attention permanente et une action matérielle assez
fatigante, qui ne sont pas du domaine de l'observateur. Celui-ci a bien assez à faire, à écrire,
à dessiner, et aussi à *penser*. Le temps passe
vite, les heures s'écoulent comme des secondes, tant l'observation scientifique doit enregis-
trer de faits au sein de ce monde encore si nouveau et si mystérieux.

Nous nous sommes élevés du jardin du Conservatoire des Arts-et-Métiers, du lieu même où
Biot et Gay-Lussac avaient fait, soixante-quatre
ans auparavant, leur mémorable ascension. Le
ballon qui m'avait servi dans les ascensions
précédentes, et qui ne cubait que 800 mètres,
était remplacé maintenant par un neuf, cubant
1500 mètres. A trois heures, M. Eugène Godard et moi nous prenions place dans la nacelle, et à 3 h. 15 m., nous nous élevions
avec une grande force ascensionnelle dans la
direction sud-sud-ouest.

On remarquait à l'équateur du ballon un cercle d'étoffe rattaché au filet. C'était un parachute de un mètre seulement de large, pouvant servir à modérer la descente.

Une minute et cinquante secondes après notre départ, nous traversions la Seine et le nouveau palais du Tribunal de commerce, à 615 mètres de hauteur au-dessus du jardin du Conservatoire; trois minutes plus tard, nous prenions pour point de repère mon petit observatoire du Panthéon, et nous étions à 676 mètres; nous passons au zénith de l'Observatoire, à 3 h. 25 m.; ensuite nous traversons les fortifications, à 950 mètres d'altitude.

Alors le courant change vers 900 mètres et fléchit tout à fait au sud. Nous allons passer (3 h. 34 m.) à l'est de Bourg-la-Reine, et plus tard (3 h. 53 m.) laisser également Longjumeau à notre ouest. Je remarque, par parenthèse, qu'ici notre point de repère est voisin de celui que nous avons pointé sur nos cartes lors de notre voyage à Angoulême.

L'abaissement de la température se fait rapidement sentir à mesure que nous nous élevons. Le thermomètre étalon du Conservatoire marquait 15 degrés à la salle du rez-de-chaussée. Mon thermomètre à l'air libre, d'accord avec lui, marque 15 degrés dans le jardin au moment du départ. A 600 mètres, il est déjà abaissé à 8 degrés ; à 750, il est à 6 degrés ; à 865, à 5 degrés ; à 950, à 4 degrés ; à 1150, à 3 degrés ; à 1300, à 2 degrés. Je cherche en vain le niveau inférieur des nuages ; ils ne sont point étendus en nappe uniforme, comme je l'ai constaté quelquefois, mais disséminés de part et d'autre. En arrivant à 1200 mètres, nous en reconnaissons qui sont suspendus comme d'immenses et légers flocons dans l'espace, plus bas que nous.

Notre haleine s'est condensée en parcourant une zone d'air où l'humidité était à son maximum, à 1150 mètres, et où le thermomètre marquait 3 degrés : il n'y avait pas de nuages. Mais c'était à peu près le niveau inférieur de la nappe disséminée. Plus haut, elle ne s'est pas condensée. A 1255 mètres, nous sommes presque complètement enveloppés de nuages ; la terre disparaît peu à peu ; on distingue encore les dessins des campagnes, les routes, les chemins ; bientôt le sol n'est plus apparent, et nous nous trouvons (1415 mètres) au niveau supérieur des nuages. Leur densité est faible, je n'ai point éprouvé aujourd'hui l'impression singulière que j'ai ressentie lorsque, traversant pour la première fois une immense nappe de nuages, j'avais été surpris par l'éblouissante lumière et la joie radieuse dans lesquelles on entrait en sortant des régions basses et des nuées inférieures.

Mais un spectacle merveilleux nous était réservé. Au moment où nous nous attendions le moins à voir aucun tableau, et où j'étais occupé

à suivre la marche de l'hygromètre à précision,
nous nous trouvons vers la surface supérieure,
étrangement accidentée, des nuages. Et voilà
que devant nous, à trente mètres peut-être, apparaît, à l'opposite du soleil qui se révèle, la partie inférieure *d'un ballon* presque aussi gros
que le nôtre, — et sous cette partie inférieure
une nacelle suspendue au filet, — et dans cette
nacelle deux voyageurs si faciles à distinguer
qu'on aurait pu les reconnaître sans peine.

On aperçoit les plus petits détails, jusqu'aux
minces ficelles, jusqu'aux instruments suspendus ; j'agite la main droite, mon Sosie agite
la main gauche; Godard fait flotter le drapeau
national, l'ombre d'un drapeau voltige dans
l'ombre de la main du spectre aérien. Et autour
de la nacelle, des cercles concentriques de diverses nuances ; d'abord, au centre, un fond
jaune blanc, sur lequel ressort la nacelle, puis
un cercle bleu pâle ; alentour une roue jaune,
puis une zone rouge-gris, et enfin, comme cir-

conférence aérienne, une légère nuance de violet se fondant insensiblement sur la tonalité
grise des nuages.

A quel jeu de lumière ce phénomène est-il
dû? Bouguer émet l'opinion qu'il est causé par
le passage de la lumière à travers des particules
glacées. Telle est aussi l'opinion de Saussure
et de Scoresby.

L'observation faite en ballon me montre que
très certainement il n'en est pas ainsi. Sur les
montagnes, comme on ne peut s'assurer directement du fait en s'envolant dans le nuage, on
en est réduit à des conjectures. En ballon, traversant les nuages de part en part, résidant au
milieu d'eux et passant sur les points mêmes
où l'apparition se montre, on peut facilement
se rendre compte de l'état du nuage. Au moment où le phénomène se produisit, nous étions
à 1415 mètres de hauteur, et arrivés à la surface supérieure des nuages, surface qui est loin
d'être plane, mais très accidentée. Le thermo-

mètre marquait **2** degrés au-dessus de zéro.
L'hygromètre avait indiqué un maximum d'humidité (77) **250** mètres plus bas, dans la partie inférieure des nuages ; il est déjà remonté à 73. La vapeur aqueuse constitutive du nuage était dans l'état sous lequel je l'ai généralement observée, ne présentant pas le moindre indice de la présence des particules glacées. J'admets donc, avec Kaemtz, que l'image se produit simplement sur les vésicules du brouillard. Tout le phénomène peut se déduire, comme l'a montré Fraunhofer, de la diffraction de la lumière.

Ce phénomène ne diffère pas essentiellement de celui que nous avons signalé dans les relations précédentes et désigné sous le nom d'*ombre lumineuse du ballon*. En effet, à mesure que notre aérostat s'éleva au-dessus des nuages, nous vîmes la silhouette se rapetisser, et l'auréole colorée s'agrandir, de sorte qu'au lieu d'être décrite autour de la nacelle (ou, pour mieux dire, de nos têtes), elle arriva à envelopper régulièrement l'ombre circulaire de l'aérostat. Les couleurs avaient insensiblement pâli et disparu. Nous avions, dès lors, une ombre lumineuse avec un noyau sombre au centre, ombre voyageant avec nous sur les nuages.

Un soleil brûlant nous inonde de ses rayons, et dilatant l'aérostat, accroît notre force ascensionnelle. Un ciel bleu s'ouvre au-dessus de nous, dans lequel nous montons comme par enchantement. L'ombre du ballon, beaucoup plus petite et plus éloignée de nous, se dessine en entier, et d'autant mieux que le nuage sur lequel elle se projette est plus épais ; l'arc-en-ciel l'environne entièrement. Un océan vaste, incommensurable, se déploie sous nos regards, boursouflé en certains points comme des bulles énormes et floconneuses, se tordant et se déformant parfois avec une grande rapidité. Lorsque nous voguons à la surface supérieure de ces amoncellements de nuages, nous pénétrons parfois en d'énormes montagnes blanches, tout surpris de nous enfoncer dans leur sein sans éprouver aucune résistance.

C'est un spectacle toujours magnifique de se voir suspendu dans le vide au-dessus d'un océan sans bornes formé d'immenses amoncellements qui se succèdent, collines et vallées de vapeurs visibles, et se déploient jusqu'à l'horizon céleste. La terre est cachée sous ce voile au-dessus duquel règne la lumière.

Les hommes vivent là-dessous, sans se douter du plein soleil qui rayonne ici, et restant les trois quarts du temps ensevelis sous des nappes de brouillards !

Ah ! là-haut, que la vie est différente ! que l'on oublie vite la pauvre terre ! Le ciel bleu nous environne, le soleil nous illumine et nous échauffe, *les nuages se déploient sous nos pieds comme une nappe immense* au-dessus de laquelle se hérissent de blanches collines boursouflées par des courants inférieurs, semblables aux protubérances du Soleil que d'ardents courants verticaux élèvent au-dessus de la surface de cet astre colossal jusqu'à des milliers de lieues de hauteur.

Parfois ces campagnes blanches et accidentées qui s'étendent au-dessous de nous paraissent solides, et l'idée vous prend d'enjamber la nacelle et de poser le pied sur ce plancher de neige. On s'y essaierait volontiers, tant la solidité est apparente. Mais on ne s'y tiendrait pas longtemps debout ! On éprouverait vite une suprise unique et sans seconde : nous ne sommes pas encore des anges.

A 4 h. 10 m., nous voguons à 1600 mètres de hauteur ; une éclaircie qui s'ouvre au-dessous de la nacelle laisse apercevoir de vastes terrains et une ville, mais les nuages voyagent vite en sens inverse de notre direction, — apparence due sans doute à un mouvement plus rapide de notre part. — Nous ressentons parfois un vent assez fort, circonstance extrêmement rare en ballon.

Des aboiements, puis le bruit d'un tambour, se font entendre. Notre mouvement ascensionnel a continué, et nous voguons bientôt à **2300** mètres de hauteur.

L'observation de l'hygromètre, c'est-à-dire de la variation de l'humidité suivant la hauteur des couches d'air, a été féconde et donne des résultats importants. L'humidité est de **73** degrés au niveau du sol, et de 77 à 1150. C'est la position de la zone maximum. Puis elle décroît jusqu'à 30 degrés à 3000 mètres.

Quoique le soleil soit ardent sur notre visage, la température de l'air décroît constamment. A 3000 mètres, nous avons déjà **7** degrés au-dessous de zéro. Nous atteignons bientôt une altitude de *quatre mille cent cinquante mètres*, point de notre plus grande élévation, et nous éprouvons là un froid de 10 degrés tandis que le soleil reste d'une chaleur intolérable pour nos têtes.

Il est difficile de rendre l'impression toujours

nouvelle qui pèse sur l'âme en ces régions désertes. Lorsqu'une nappe de nuages nous sépare de la terre, il semble que l'on n'appartienne plus à la sphère de la vie. Quoique le spectacle soit indescriptiblement beau, quoique ces vastes étendues produisent sur l'esprit un effet imposant et plutôt glorieux que triste, néanmoins les fonctions vitales qui ne s'accomplissent plus avec régularité, le manque d'équilibre, l'accélération du pouls, les douleurs de l'oreille, la sécheresse du gosier, l'embarras des poumons et le gonflement sanguin des lèvres troublent désagréablement la première impression de bonheur qui s'attache à la contemplation de ces grandioses spectacles, à l'étude de ces importants phénomènes [1].

1 A 4000 mètres de hauteur, nous avions sous les yeux une étendue topographique de 227 kilomètres de rayon, ou de 454 kilomètres de diamètre. Lors même qu'il n'y a pas de nuages et que l'atmosphère est limpide et transparente, les horizons lointains n'offrent plus la netteté des détails que nous distinguons si exactement sous nos pieds et jusqu'à une grande distance. Du côté opposé au soleil toutefois, la vue s'étend dans

Arrivés à notre plus grande hauteur, nous nous trouvâmes *entre deux cieux*, le ciel inférieur formé de cumuli, le ciel supérieur formé de cirri : ceux-ci ne tardèrent pas à se disséminer dans l'azur, en forme de balayures, et à causer une forte condensation dans l'aérostat. La chaleur solaire avait amené la déperdition d'une grande quantité de gaz. Une chute assez rapide nous fit tomber de *deux kilomètres en deux minutes.* Nous n'arrivâmes cependant pas jusqu'à la couche des nuages inférieurs, grâce à notre lest, et nous voguâmes ensuite vers 1500 mètres d'altitude.

une immensité vraiment féerique. Lorsqu'on a plané sur ces panoramas, les plus belles vues du monde ne sont plus que des miniatures. Voici les étendues qui correspondent aux diverses hauteurs :

De 500 mètres la vue s'étend à 80 kilomètres, tout autour.

785	—	—	100	—
1000	—	—	113	—
2000	—	—	159	—
3000	—	—	196	—
4000	—	—	227	—
5000	—	—	254	—
6000	—	—	278	—
7000	—	—	300	—

Étampes passa presque invisible dans le fond de l'espace, lorsque nous planions entre trois ou quatre mille mètres au-dessus des nuées transparentes.

A 4 h. 15 m., les nuages devenant moins épais, nous aperçûmes au-dessous de nous Angerville. Nous venions de traverser la ligne du chemin de fer d'Orléans, à la gauche duquel nous marchons pendant une heure. Les voyageurs d'un train venant de Paris nous ont suivi pendant longtemps ; nous allions plus vite qu'eux, en faisant beaucoup moins de bruit.

Artenay passe à notre droite à 5 h. 30 m., et Chevilly à 5 h. 43 m. Nous apercevons Orgères, où mon brave ami le docteur Lescarbault dirige peut-être en ce moment son télescope vers le ciel et va rencontrer notre planète errante, qui lui rappellera sa découverte ultra-mercurielle et les calculs de M. Le Verrier. Nous coupons la forêt d'Orléans et le chemin de fer, et, inclinant maintenant de plus en

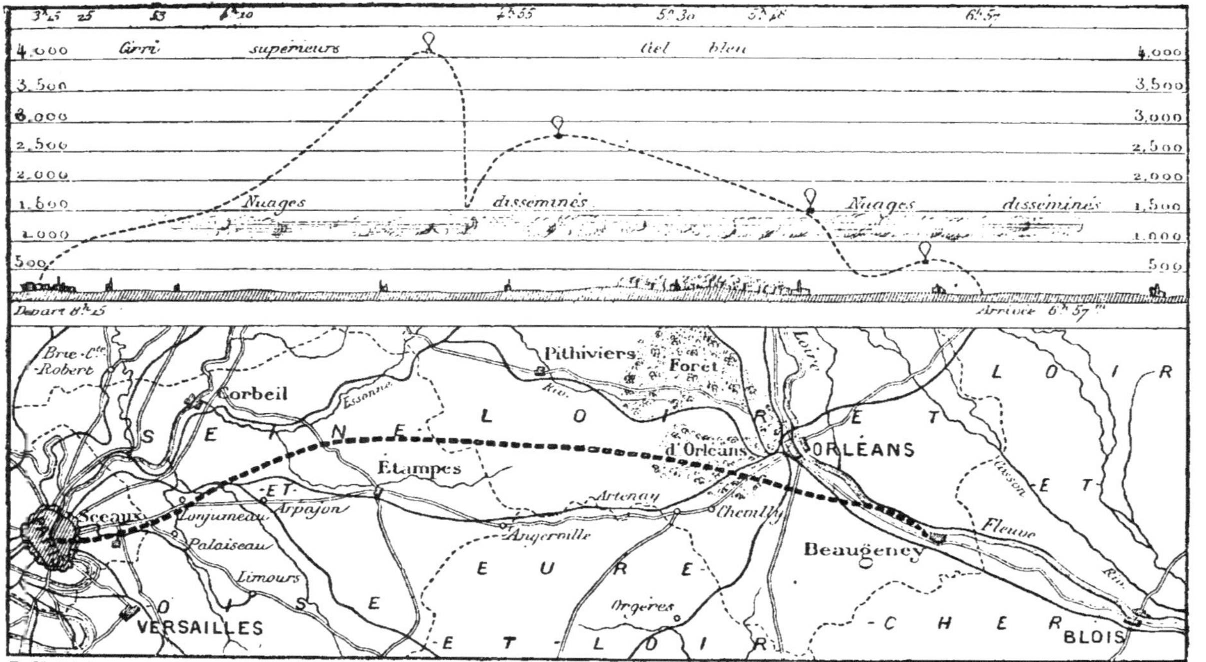

E. Hellé, Sc.

Neuvième Voyage aérien. — ASCENSION AU CONSERVATOIRE DES ARTS ET MÉTIERS. — Descente à Beaugency.

plus vers l'ouest, nous laissons Orléans à notre gauche pour entrer sur la Loire, à Mareau, et suivre le fleuve.

Les expériences que nous avons faites sur le son nous ont prouvé de nouveau qu'il monte bien plus facilement qu'il ne descend. Tandis qu'à 800 mètres on entend encore la voix humaine venue d'en bas, à 300 mètres il nous est impossible de nous faire comprendre.

Les courants aériens subissent l'influence des cours d'eau et des reliefs du sol. Nous suivîmes pendant longtemps le cours de la Loire, en descendant toujours. La condensation se continuant et notre lest s'épuisant, il nous était interdit de prolonger notre voyage et d'entrer dans la nuit.

Nous jetâmes l'ancre à 6 h. 57 m. à Beaugency, ayant parcouru 144 kilomètres en 3 h. 42 m. A 4000 mètres d'élévation, nous marchions à raison de 55 kilomètres à l'heure. Le hasard nous fit atterrir dans une propriété appartenant à un descendant de l'aéronaute Charles, l'inventeur des ballons à gaz, comme nous l'avons vu. En véritable propriétaire, grand conservateur des biens de ce monde, cet excellent homme qui, si j'ai bonne mémoire, était ou devait être député, prétendit d'abord que les curieux accourus à notre rencontre avaient endommagé son champ. Mais nous fûmes si surpris de voir un descendant de Charles réclamer des dommages-intérêts à des aéronautes, que je lui offris une somme double pour avoir le plaisir d'écrire le lendemain dans le *Siècle* un article sur la coïncidence. Nous dûmes nous résigner à ne rien payer, et même à accepter un verre de champagne à la mémoire de Charles et de ses émules.

X

DIXIÈME VOYAGE

Le 11 septembre 1872, au moment même du lever du soleil, je m'élançais de nouveau dans les régions aériennes, suspendu à la force ascensionnelle d'un aérostat de mille mètres cubes, gonflé *à l'hydrogène pur* par les nouveaux procédés de M. Giffard. L'habile ingénieur faisait des essais sur la fabrication de l'hydrogène par la décomposition de la vapeur d'eau à l'aide du minerai de fer chauffé au rouge et préalablement désoxydé à la superficie par un courant d'oxyde de carbone. Pendant toute la nuit, à l'usine Flaud (Champ-de-Mars), les trois fournaises avaient jeté leurs lueurs fauves sur le ballon et sur nos préparatifs; nos silhouettes avaient glissé comme des ombres, et, par intermittences, la vapeur avait retenti dans le silence nocturne avec le fracas d'une cataracte. Insensiblement les étoiles avaient pâli, et l'aurore d'une belle journée d'été avait éclairé l'atmosphère; les premiers rayons du soleil levant doraient le dôme des Invalides quand fut prononcé le sacramentel : « Lâchez tout ! »

Dans ce nouveau voyage aérien, j'avais pour pilote Jules Godard, frère d'Eugène Godard, et non moins habile aéronaute que son aîné : il en était, pour sa part, à sa 884e ascension ; — nous étions accompagnés de mon ami Charles Boissay, publiciste scientifique.

Mon désir eût été de faire, par la voie aérienne, une partie de la route d'Italie, car je partais alors pour un voyage de touriste vers ce pays enchanteur. Le vent ne nous y porta pas directement.

L'esquif aérien prend son essor à 5 h. 45 m. du matin. Nous nous élevons dans le ciel pur ; le terrain de l'usine diminue vite, et ce n'est pas sans peine que nous retrouvons le groupe des amis, anxieux et serrés les uns contre les autres ; nous ne pouvons déjà plus les reconnaître, et nous les saluons encore qu'ils ne forment plus qu'un point sombre. Une minute après le départ, nous dominons le plus haut monument parisien, la flèche dorée des Invalides ; elle est déjà sous nos pieds. Nous venons de passer au-dessus d'un groupe d'ouvriers se rendant à leur labeur quotidien, qui se sont arrêtés tout stupéfaits en admirant ce ballon matinal. Portée sur l'aile invisible des vents, notre sphère s'envole rapidement vers l'Est, allant au-devant du Soleil. Pour nos amis d'en bas, notre globe illuminé et rayonnant sillonne l'espace comme un météore et, nous, les aéronautes, nous disparaissons dans les feux de l'orient : c'est bien véritablement là une ascension. Dans la vapeur légère du matin, nous voyons insensiblement se fondre, s'amoindrir et disparaître les plus fiers monuments de la capitale du monde. La Seine verte et transparente, puis les Tuileries béantes, croulantes, remplies de décombres noircis, passent sous la nacelle.

A Paris, on se lève tard, et la ville est presque déserte; mais, à notre droite, un grand espace rectangulaire est couvert d'une foule grouillante, noire, affairée : ce sont les Halles. Jamais les hommes ne nous ont paru tant ressembler aux fourmis ; mais cette humanité microscopique, ces petits points noirs qui s'agitent en bas ont construit cet immense Paris qui remplit l'horizon, ils ont inventé le vaisseau merveilleux qui nous emporte. Créés semblables aux bêtes, chaque jour ils se rapprochent un peu plus des anges.

Nous passons entre le Palais-Royal et la place du Château-d'Eau, et nous sortons de Paris par la porte de Bagnolet. Le haut et massif donjon de Vincennes est à peine visible à notre droite comme une petite aiguille de pierre grise... Mais le fort de Rosny, dans la perpendiculaire duquel nous passons, s'étale au contraire sur un énorme espace ; il est grand comme une ville. Depuis que le génie de Vauban a rasé presque au niveau de terre les fortifications, les mettant à l'abri du tir de plein fouet, ce n'est plus qu'en ballon que l'on peut juger de l'importance et de l'étendue des constructions qui se développent en plan et non en élévation.

Au-dessous de nous se pressent les vergers de Montreuil-aux-Pêches. L'industrie est prospère et les espaliers couvrent au loin la campagne dans la direction de Ville-Évrard, de la Maison-Blanche, d'Avron ; le terrain est partout divisé par les murs contigus et rectangulaires qui le découpent en damier. La Maison-Blanche, Avron ! C'est ici l'échiquier où nous avons perdu la partie. Il y a deux ans à peine, tous ces champs tremblaient du bruit de la bataille; maintenant, la paix a repris son empire; il règne un grand silence, et c'est seulement en prêtant une oreille attentive que l'on peut entendre le chant clair et harmonieusement timbré des alouettes qui montent verticalement dans l'air.

Nous avons traversé le département de la Seine, franchi une zone étroite de celui de Seine-et-Oise et, à 6 h. 25 m., nous entrons, par Chelles, dans le département de Seine-et-Marne. Alors que la plus vaste construction se réduit pour nous aux dimensions d'un jouet d'enfant, Paris nous apparaît de plus en plus gigantesque; le troupeau compact des habitations humaines emplit les vallons, escalade les collines et embrasse la moitié de notre horizon; toutes les villes qui, par une fiction administrative, sont encore séparées de la capitale, Courbevoie, Neuilly, Clichy, Vincennes et tant d'autres, se fondent dans le même océan de pierre.

La *Seine* et la *Marne* tordent leurs plis luisants d'un bord à l'autre de l'immense étendue, de Meaux à Charenton, et de Fontainebleau à Poissy. Ce n'est pas sans étonnement que nous distinguons clairement tous les détails du fond de la Marne ; avec une lorgnette, un botaniste préciserait presque l'espèce des plantes fluviatiles qui tapissent le lit de la rivière à plus de deux mètres sous l'eau.

Les routes, les cours d'eau et les railways couvrent le sol d'un triple réseau ; celui des cours d'eau est dessiné en verdâtre, celui des routes en blanc, celui des railways en gris. A six heures et demie, un grondement, sourd et lointain d'abord, puis plus fort, par degrés, se fait entendre. Nous ne voyons rien encore, mais Godard nous annonce un train ; il apparaît d'abord comme un point, il grossit lentement, il arrive sous le ballon ; c'est un express (car il

ne contient que des voitures de première classe);
et pourtant, de si haut, ce train qui vole nous
semble à peine ramper ; c'est bien le mot, son
mouvement onduleux ressemble à une repta-
tion et paraît si lent, que l'un de nous s'écrie :
« Mais c'est une chenille! » — Il est mieux
d'être papillon ! réplique notre aéronaute.

Le soleil, caché jusque-là par un rideau de
légers nuages, nous darde désormais des rayons
de plus en plus vifs; l'aérostat dilaté par la chaleur s'élève à 1450 mètres.

De temps en temps, saisi par un invisible et
minuscule tourbillon, il se met à tourner, presque toujours de gauche à droite. Alors, l'horizon
tournoie en sens inverse, et il nous faut quelques instants pour nous orienter de nouveau, à
l'aide du soleil et de la boussole, et retrouver le
sens de notre marche. Vers huit heures, nous
entrons dans le département de la Marne, et
bientôt l'aspect du pays change : de vert il devient jaunâtre et d'une horrible aridité ; nous

traversons dans toute sa largeur la Champagne
pouilleuse ; les routes, couvertes de poussière
de craie, s'alignent au loin et nous éblouissent
par leur blanc éclatant ; les rares ruisseaux sont
bordés d'une étroite lisière verte épousant tous
les circuits de leur cours. La maigre moisson
est faite et le terrain crétacé apparaît à travers
les champs coupés au ras de terre. Les différentes façons données au sol permettent cependant de distinguer les propriétés particulières
qui découpent la campagne en grands rectangles. On peut faire cette remarque : plus le
pays est stérile et plus les propriétés sont étendues, car il faut alors une plus grande superficie territoriale pour produire le revenu nécessaire à l'existence d'une famille.

Le sol réverbère une chaleur intense qui
nous brûle. C'est une remarque bien curieuse
que cet effet de la réverbation du sol : jusqu'à
une très grande hauteur, près de mille mètres
peut-être, l'aéronaute peut deviner, par les

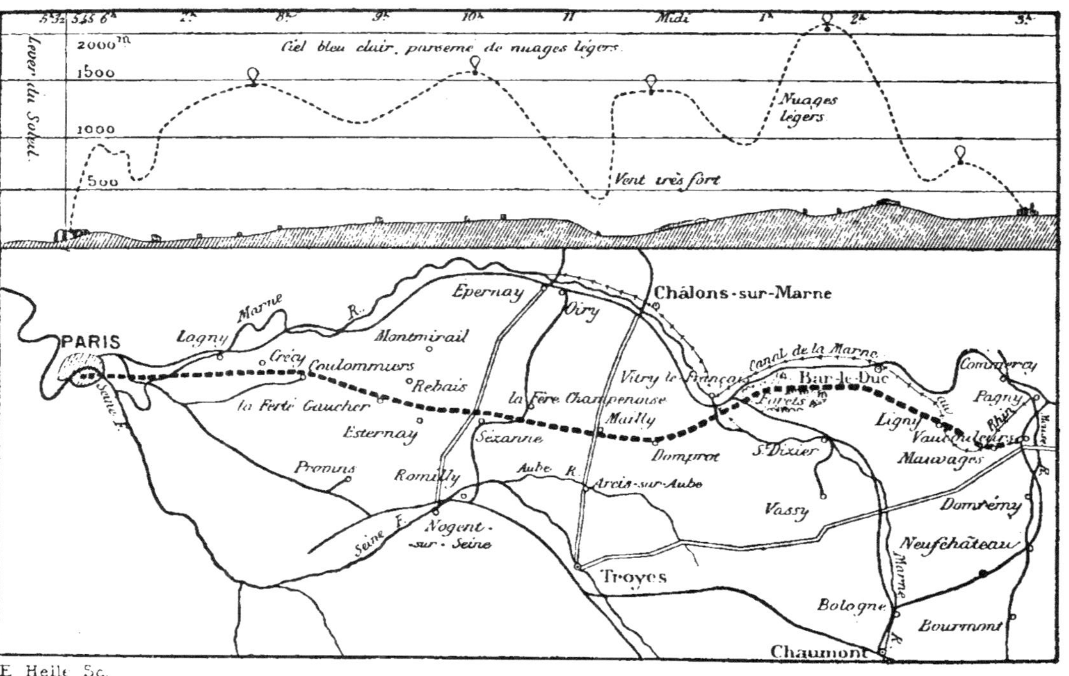

Dixième voyage aérien. — De Paris à Vaucouleurs.

belles journées, l'état de la surface des pays au-dessus desquels il passe. Si le sol est stérile, sec, ardent, on subit une réverbération intolérable qui à son tour dilate le ballon et le fait monter. Au-dessus des prairies et des forêts, l'atmosphère est fraîche et humide et l'aérostat subit une condensation rapide. Ce sont là autant de causes locales qui dérangent la marche régulière des faits météorologiques et qui n'ont pas moins d'importance que l'action des montagnes et des vallées.

Vers 9 heures et demie, nous fûmes témoins d'un phénomène remarquable : au loin, à notre gauche, nous vîmes une fumée blanche s'élever au-dessus d'une forêt. Au premier instant nous crûmes reconnaître le panache d'une locomotive, tant le développement de la vapeur était rapide, mais en moins d'une minute, l'épanouissement de cette buée qui couvrait la forêt leva tous les doutes, c'était un nuage que nous surprenions dans le secret de sa formation ; le soleil, de plus en plus ardent, vaporisait l'humidité des bois, et cette humidité se condensait en nuage dans la région supérieure moins chaude. Un second, puis un troisième, puis un quatrième nuage sont engendrés par les mêmes causes, au-dessous de nous, sur des terrains boisés plus éloignés.

Nous suivons une petite vallée au fond de laquelle brille un filet d'eau ; çà et là un village se baigne dans le ruisseau et le bruit des moulins monte jusqu'à nous.

De notre observatoire mobile, nous voyons clairement au Nord une grande ville, c'est Châlons ; au Midi une ville moins importante, Arcis-sur-Aube ; et dans la même direction, à l'extrême Sud, luisent les vitres d'une autre grande cité, Troyes. A quel point précis franchissons-nous la route qui relie le chef-lieu de l'Aube et celui de la Marne? Nous remarquons que nous passons au-dessus de deux groupes de maisons contigus, et le long de cette route,

la carte nous indique que le grand et le petit
Mailly sont les seules localités qui présentent
cette disposition ; nous sommes donc dans la
verticale de ce double village, et nous volons
au-dessus d'un coin du département de l'Aube.

Tout à coup, le ciel restant pur et l'air transparent, l'aérostat se met à tourner ; le mouvement, d'abord lent, s'accélère ; la nacelle tournoie entraînée dans un mouvement conique,
quand un coup de vent fouette le ballon et fait
claquer l'appendice avec un bruit sec. Godard
s'élance sur le bord de la nacelle et saisit à deux
mains l'orifice du ballon, en même temps il
nous jette la corde qui y est attachée. « Tenez
ferme, s'écrie-t-il, sans cela le vent va nous
jouer un mauvais tour. » Nous nous crampon-
nons à la corde d'appendice. Un vent froid et
dur nous coupe le visage, et nous l'entendons
hurler sinistrement au-dessous de nous ; le ballon tourbillonne, la nacelle se balance par un
véritable mouvement de tangage, et notre capi-

taine ajoute : « J'en suis à ma huit cent quatre-vingt-quatrième ascension et je n'ai jamais vu ça. »

Nous nous trouvions flotter entre deux courants qui se combattaient, et le vent inférieur venait obliquement nous frapper. Nous jetons du lest, nous en jetons encore, le ballon s'élève, le vent diminue, s'apaise, et enfin cesse.

Heureusement, ce n'était pas une véritable *trombe !*

De vastes forêts s'étendent maintenant sous nos pieds. Elles nous accompagneront jusqu'à notre descente; nous entrons dans le département de la Meuse.

A une heure, nous nous trouvons sous une couche de nuages vaporeux; Godard jette du lest et nous les traversons. Au moment où nous en sortons, la silhouette de la nacelle et du bas de l'aérostat se dessine en traits sombres sur le nuage et s'encadre circulairement d'un léger arc-en-ciel : — la nature se pare de toutes ses grâces, et le beau phénomène de l'anthélie brille de nouveau. De magnifiques nuages d'un rouge cuivré pâle nous entourent (l'un ressemble bizarrement au bicorne légendaire de Napoléon); dans l'ovale qu'ils circonscrivent comme un cadre doré à l'or pâle, le paysage terrestre nous apparaît plus charmant et plus doux… la brume s'épaissit et le paysage s'efface, mais les cours d'eau et les routes restent visibles au travers de la vapeur blanche, ceux-là luisants comme des ruisseaux de mercure, celles-ci brillantes et soyeuses comme des rubans de satin.

A une heure quinze minutes, nous atteignons notre plus grande hauteur, 2100 mètres, précisément la hauteur du col du mont Cenis, où passait le chemin de fer à trois rails avant l'achèvement du grand tunnel. Bientôt la perte du gaz et la gravité nous ramènent vers la terre : l'ombre du ballon se dessine sur les prairies et glisse devant nous ; ce matin elle était large et estompée de gris, actuellement elle est noire et petite.

Une grande ville passe au nord, tout près de nous; nous voyons à la lorgnette les groupes se former sur les places pour admirer notre globe aérien. C'est Bar-le-Duc.

Nous remontons la vallée de l'Ornain et nous suivons presque les méandres du canal de la Marne au Rhin, qui longe toute la vallée, et que nous traversons, à une heure et demie, exactement au zénith de Ligny-en-Barrois. Malheureusement le lest va nous manquer, bientôt il faudra descendre. Pourtant le soleil ardent nous soutient encore, et nous voulons choisir notre point d'atterrissement. Nous nous dirigeons vers Vaucouleurs, illustré par la mission héroïque de Jeanne d'Arc, et nous *décidons* d'y opérer la descente. Une heure plus tard, Vaucouleurs, dont nous avions prévu l'arrivée d'après la carte longtemps avant qu'elle fût visible sur l'horizon, apparaissait en face

de nous. L'aérostat glisse maintenant à 150 mètres seulement au-dessus du sol, la hauteur de
la flèche de Strasbourg. Nous rasons la forêt de
Vaucouleurs, et notre aérostat en épouvante
tous les hôtes sauvages : d'énormes rapaces à
la large envergure, des aigles et des vautours
comme il n'y en a plus que dans ces vieilles et
lointaines forêts des Vosges, partent les premiers ; ils effrayent à leur tour les ramiers,
puis les innombrables petits oiseaux qui s'envolent comme une nuée gazouillante, fuyant devant les oiseaux de proie qui fuient devant notre globe épouvantable.

La ville charmante de Vaucouleurs approche,
avec la Meuse qui se déroule en plis onduleux ;
une prairie fraîchement fauchée nous invite à
descendre, et nous mettons pied à terre au milieu d'un essaim de jeunes filles (fort jolies,
par parenthèse, et encore plus curieuses). Un
jeune homme trop téméraire s'avise de grimper au-dessus du ballon au moment où le dé-

gonflement commençait; naturellement l'étoffe cède sous son poids et l'imprudent tombe au milieu du gaz, d'où on le retire entièrement évanoui. Heureusement il en fut quitte pour la peur.

Mon ami Charles Boissay, qui faisait partie de cette expédition aérienne, en dressa la carte et en résuma les observations scientifiques les plus importantes : 1° changement de direction du vent sous l'influence des vallées et des rivières; courants locaux qui débordent de beaucoup les crêtes des vallées; 2° rotation de l'aérostat quand nous passons d'un courant à un autre ; 3° déviation des courants vers la droite comme on l'a déjà vu dans les précédents voyages.

Il ajoutait, en terminant son rapport, les remarques suivantes, qui ne manquent pas d'intérêt : « On se souvient que lors de la célèbre ascension de M. Dupuy de Lôme, le 2 février 1872, on a regardé comme un des résultats culminants de l'expérience d'avoir *pu déterminer, au moment de la descente,* le point où l'on allait atterrir, Mondescourt ; or, d'après la marche de l'aérostat, soigneusement pointée sur la carte, en passant sur Ligny, *une heure et demie avant la fin du voyage,* nous avons *prévu* que le ballon passerait tout près de Vaucouleurs — entièrement invisible encore — et nous avons *choisi* ce lieu pour y prendre terre. — Ce n'est pas la direction des aérostats, mais c'est au moins l'intelligence humaine substituant son action volontaire et réfléchie à l'aveugle hasard. Quelques opérations fort simples à exécuter, mais conduites avec la rigueur scientifique, ont suffi pour nous amener à ce résultat, que Flammarion avait déjà réalisé dans ses précédentes ascensions. »

Notre aérostat a parcouru 260 kilomètres en 9 h. 15 m., à la vitesse moyenne de 28 kilomètres à l'heure.

De Vaucouleurs, je me dirigeai par Épinal et Mulhouse vers le Saint-Gothard, dont l'ascen-

sion fut plus longue et plus fatigante que celle
de la même altitude dans l'aérostat léger et rapide ; et bientôt Milan, Venise, Florence, Rome
et Naples déployaient sous mes regards leurs
merveilles tant désirées. Si j'ai jamais éprouvé
un regret bien sincère, c'est de n'être pas arrivé en ballon vers ces séjours délicieux, surtout à Pompéï et au sommet du Vésuve ; et je
ne puis éloigner de moi l'espérance que, dans
l'avenir, les amis du beau ne voudront pas
d'autre mode de locomotion que celui-là pour
aller visiter les plus belles contrées du monde.

XI

UN VOYAGE DE NOCES EN BALLON

DE PARIS A SPA.

De tous mes voyages aériens, celui que je vais décrire est sans contredit l'un de ceux dont on a le plus parlé, sans doute à cause de la nouveauté du sujet, car il paraît que c'était pour la première fois, depuis le commencement du monde, que l'on choisissait la route aérienne pour un voyage de noces. Je ne sais si j'ai eu depuis des imitateurs. Mais, en vérité, il n'y avait pas là motif à tant d'articles à sensation ; car n'est-il pas naturel que, pour un voyage de cette nature, on préfère le mode de locomotion le plus agréable, le plus magnifique, le plus charmant et le plus enchanteur? Or, ni le plus moelleux compartiment de première classe, ni le landau le plus fièrement attelé, ni même la gondole de Venise glissant avec mystère sur l'onde silencieuse, ne valent l'essor magique de l'aérostat à travers les plaines limpides de l'azur, et il n'y a rien de trop surprenant à ce qu'une jeune femme qui aime à cultiver son esprit soit désireuse de partager des émotions nouvelles, et de prendre sa part des contemplations grandioses que l'esquif aérien réserve à ceux qui lui confient un instant leur destinée.

Le départ s'était fait très discrètement, huit jours après notre mariage, par un beau soir d'été, au milieu d'un petit groupe de parents et d'amis, et voilà que le lendemain dans les journaux on raconte un joli roman, quelque chose comme l'enlèvement d'une mariée dans sa toilette de Worth (une robe de luxe en ballon, comme ce serait commode !) avec des détails plus ou moins spirituellement imaginés sur cette pré-

tendue nuit de noces passée au-dessus des nuages. Pourtant, je le répète, quoi de plus naturel pour un astronome et sa compagne que de
s'envoler ainsi par le chemin des oiseaux? Nous
désirions aller à Spa ; nous y allâmes en ballon,
portés par les ailes du vent à travers la nuit solennelle, bercés entre les nuées vaporeuses vaguement éclairées par les rayons argentés de la
lune. Et au lever du soleil, nous descendions
au milieu du plus gracieux des paysages, dans
ces vertes prairies dont la ville de Spa est si
élégamment encadrée. C'était là, en vérité, un
mode de locomotion si bien approprié à l'état
de nos esprits que, si quelque chose peut étonner, c'est de ne pas le voir choisi par tous ceux
qui aiment le beau et qui le comprennent. Mais
c'est peut-être la faute des femmes.... car, si
elles le désiraient...

Donc, le 28 août 1874, à 6 heures 52 minutes
du soir, notre aérostat, mesurant deux mille
mètres cubes, s'élevait majestueusement dans

les airs, emportant quatre passagers ; mon frère,
M. Ernest Flammarion, était depuis longtemps
désireux de goûter aux charmes de la navigation aérienne, et nous avions pour pilote
M. Jules Godard.

Le moment du départ laisse toujours dans
l'âme une impression solennelle. La terre descend ; notre groupe d'amis disparaît ; Paris se
déploie dans son immensité, avec ses rues, ses
boulevards, ses édifices, ses coupoles, son
fleuve, ses canaux et son bruit colossal, rendu
soudain plus gigantesque encore par l'apparition de l'aérostat aux yeux de la population
flottante. Le soleil s'est couché à 6 h. 49 m.
Partis quelques minutes après, nous contemplons les nuées de pourpre et d'or qui décorent
son palais aérien. Mais bientôt, pour nous,
pour nous seuls, l'astre du jour *se lève de nouveau*, et son disque flamboyant sort de la fournaise. Notre immense aérostat s'illumine de
ses rayons à mesure qu'il s'élève, puis bientôt

l'Occident reprend ses droits et l'astre redescend pour verser sur d'autres peuples sa féconde lumière.

Nous planons au-dessus des Buttes-Chaumont, qui ont perdu leur altitude; au-dessus de Montreuil couvert d'espaliers de pêches; au-dessus du fort de Vincennes, qui déploie son arsenal; au-dessus du lac qui réfléchit notre navire; au-dessus de la boucle de la Marne, témoin des fausses manœuvres de notre malheureuse armée pendant l'investissement. Nous traversons la rivière à 8 h. 5 m., et en arrivant sur le plateau de Chenevières, nous nous élevons jusqu'à 1700 mètres, hauteur à laquelle un courant, bien différent de ceux que nous avons suivis jusque-là, nous emporte au Nord-Est. Pendant près d'une heure, nous voguons dans cette direction; mais étant descendus, à 8 h. 50 m., à la faible hauteur de 300 mètres, puis de 100, nous quittons cette direction pour le Sud-Est; à 9 h. 15 m., nous planons sur le parc de Gros-Bois et Boissy-Saint-Léger, voguant vers Villeneuve-Saint-Georges.

Nous distinguons facilement la ligne du chemin de fer de Lyon et la Seine; mais pendant plus d'une demi-heure que nous les eûmes sous les yeux, nous ne parvinmes pas à les atteindre. Nous ne marchions qu'avec une extrême lenteur. La forêt de Sénart approchait, quand étant remontés à 1900 mètres (9 heures 30 minutes), nous fûmes repris par le courant portant au Nord-Est. Mais à 9 heures 50 minutes, à 800 mètres, nous filons vers le Sud-Ouest. Quelques minutes plus tard, descendus plus bas, nous reprenons le Sud-Est. A dix heures, ayant versé un peu de lest pour ne pas heurter un château, quelques kilos suffirent pour décider une ascension rapide et nous emporter dans les nuages. Nous atteignîmes et dépassâmes pour la première fois l'altitude de 2000 mètres. Enfin, vers 10 heures 40 minutes, étant descendus au-dessous, nous nous trouvâmes au zénith de Torcy, près Lagny, et à la hauteur de 1100 mètres, dans un vent de direction Ouest-Nord-Ouest, qui nous ramena vers Paris. Remarquons en passant que les différents villages en vue desquels nous paraissions, nous donnaient des aubades, et que la fanfare sonore du cor de chasse nous accompagnait dans l'espace.

Ici je m'arrêterai dans la description ponctuelle de cet étrange itinéraire, pour faire part à mes lecteurs des réflexions que nous fîmes nous-mêmes dans la nacelle de cet aérostat, jouet de tant de caprices apparents. Pendant ces trois heures, nous avions parcouru un arc autour de Paris, sans jamais avoir perdu de vue la grande capitale. Lentement, elle s'était illuminée et avait dessiné sous nos yeux ses grandes artères en lignes lumineuses. Selon les hauteurs auxquelles nous nous étions trouvés, nous avions rencontré des directions différentes. Cinq courants étaient bien remarquables :

1º De 100 à 400 mètres : direction Sud-Est.
2º De 500 à 700 mètres : direction Sud-Sud-Est.
3º De 800 à 1100 mètres : direction Sud-Ouest.
4º De 1100 à 1200 m. : direction Ouest-Nord-Ouest.
5º Au-dessus de 1600 m. : direction Nord-Est.

On se rendra compte de ces curieuses variations par l'examen attentif de la carte de notre voyage à notre sortie de Paris. L'atmosphère était donc composée de nappes fluides glissant les unes sur les autres en sens différents. Relever les hauteurs était le point important. Dans la dernière demi-heure de ces étonnantes circonvolutions, nous revînmes presque en droite ligne sur Paris. En restant dans ce courant, nous aurions traversé pour ainsi dire la capitale et marché vers Rouen et le Havre. Tel n'était pas notre but. Tenant conseil, nous décidâmes de choisir la direction Nord-Est, et comme l'aérostat était parfaitement préparé pour séjourner à toutes les hauteurs, il fut convenu que nous nous éléverions à 2000 mètres et que nous nous tiendrions à cette altitude.

Nous avions choisi l'époque de la pleine lune pour ce voyage aérien. La blanche lumière de l'astre des nuits éclairait d'une clarté mélancolique les paysages de la terre, et nous distinguions facilement, du haut de notre balcon céleste, les cultures, les bois, les habitations des terriens. Mais c'est la grande ville surtout qui captivait notre attention. La ligne courbe des boulevards, de la Bastille à la Madeleine, et la ligne droite formée par la longue rue de Rivoli et l'avenue des Champs-Élysées, traçaient deux sillons lumineux auxquels on pouvait tout rapporter. La place du Carrousel, celle de la Concorde, celle du Trocadéro étincelaient. Les quais se déroulaient humblement le long du fleuve sombre entrecoupé de ponts brillants. La ceinture des fortifications se dessinait avec ses bastions comme sur un plan topographique.

Nous cherchions à distinguer nos demeures ;

la nôtre était perdue dans l'ombre discrète du sombre quartier de l'Observatoire ; mon frère reconnaissait la sienne sur le boulevard Saint-Michel. Mais tous ces petits détails humains allaient s'évanouir dans la grande contemplation de la nature. Jules Godard venait de verser la quantité de lest requise pour accomplir notre projet, nous montions ; Paris semblait se rapprocher davantage et tomber sous notre perpendiculaire ; nous jetâmes un dernier coup d'œil à l'immense cité de feu à travers laquelle on sentait courir l'agitation et la vie, tandis qu'au milieu des airs régnait le calme le plus silencieux : mais la terre avec ses œuvres et ses pompes disparut, voilée par le rideau de nuages qui vint s'interposer, et nous voguâmes désormais en *plein ciel*. — Nous étions restés pendant quatre heures autour de Paris !

Lentement, silencieusement, l'énorme sphère de gaz s'élève à travers les nues. Comme des flocons légers, les nuages ouvrent un passage, et la terre disparaît. Entouré d'une vague lumière grise, l'aérostat flotte dans l'ombre. Mais voici les rayons argentés de la lune. Nous avons dépassé les nuages, et l'œil étonné voit rouler au loin leurs tourbillons blanchis. Nous planons dans le ciel étoilé, ayant à nos pieds des montagnes de neige ; un paysage grandiose se dessine : Alpes blanches, glaciers, vallées, gouffres, précipices ; une nature inconnue se révèle, créant comme en un rêve les panoramas les plus fantastiques et les plus éblouissants. D'immenses combats se livrent entre les nuages; les courants se suivent, se heurtent, se précipitent, se bouleversent, agitant en silence les masses monstrueuses. On sent, on voit agir les forces de l'atmosphère, puissantes, incessantes, prodigieuses, tandis que la terre est endormie. Nulle description ne saurait dépeindre ce magique spectacle, que l'on admire avec une sorte de stupeur, en regrettant que sur la planète entière, nul autre regard ne soit ouvert pour une telle contemplation.

Au sein de ce morne silence et de cette implacable solitude peuplée de fantômes flottants, au milieu du vide sans fin qui nous environne, on se croirait retourné dans cet empire du néant où l'auteur du *Paradis perdu* fait naître les choses primordiales, ou bien dans ce royaume de l'Hadès où l'auteur de *Faust* fait apparaître les spectres, les gnomes et les germes des êtres. Habitons-nous encore la terre ? Ne sommes-nous pas enfoncés dans les ténèbres du chaos, flottant sans direction, sans haut et sans bas dans un monde en voie de formation, et qui n'a pas encore tressailli sous les caresses de la lumière et de la vie ?

Je continue de noter sur mon journal de bord les impressions et les observations du moment.

MINUIT. — L'océan de nuages blancs se déroule jusqu'à l'horizon et cache entièrement la terre. Parfois des cirques s'ouvrent devant nous, ou bien nous passons au milieu de vallées profondes sans toucher les nuages. Ces nuées sont si blanches et si douces, surtout elles paraissent formées de flocons si solides, qu'elles vous fascinent. On oublie le vide qui s'étend au-dessous, et l'on éprouve le vague désir de quitter la nacelle pour se coucher sur ce lit moelleux de neige éblouissante. Ce sont les sirènes de l'atmosphère qui nous attirent.

Mais, ô merveille, la lune argentée s'entoure d'une auréole d'or autour de laquelle soudain, comme une vaste écharpe tricolore, s'enroule un triple cercle rouge, vert et bleu. Les nuages forment une plaine moutonneuse, une mer d'argent, et l'astre des nuits, couronné d'un splendide diadème, trône au-dessus de son empire. Les sept étoiles du nord brillent comme si elles étaient gardiennes de ce céleste séjour.

Quelle est cette ombre qui flotte là-bas dans la plaine blanche, entourée aussi d'une auréole de tendres couleurs? C'est l'ombre du ballon et notre ombre à nous-mêmes, qui nous suit dans notre traversée aérienne, et qui reproduit pour nous l'un des plus beaux phénomènes de l'anthélie. Ici la nature enfante et détruit à plaisir les merveilles de la plus riche fantasmagorie.

UNE HEURE DU MATIN. — Un gouffre s'ouvre devant l'aérostat. Le regard y plonge et distingue la terre. Nous reconnaissons les plaines crayeuses qui s'étendent entre Reims et Soissons. En faisant le point, nous constatons que nous voguons toujours vers le nord-est, et même avec une tendance vers l'est. Cette modification nous est d'autant plus agréable que depuis dix minutes nous remarquions au loin, au Nord, une lumière inquiétante qui faisait l'impression d'un phare à feu tournant. (Du temps du siège, l'aérostat qui alla tomber en Norwège avait été porté en deux heures sur la mer par la vitesse des courants.) Cette éclatante lumière était sans doute produite par une locomotive lointaine.

Mais bientôt l'aurore se dessine à l'orient.

L'aérostat est redescendu des célestes hauteurs et vogue maintenant à quelques centaines de mètres au-dessus des montagnes et des forêts des Ardennes. Les vallées sont remplies de brouillards, dont la surface supérieure est de même niveau partout et offre l'aspect de *neige fraîchement tombée*. Tout le pays se dessine avec ses irrégularités orographiques. Quel plan exact on lèverait d'un pareil observatoire !

On ne distingue aucune trace d'habitations humaines ; pas une seule ville, pas le plus modeste village. Le département des Ardennes est-il donc une forêt vierge entrecoupée de sillons de neige ? Non. Les hauteurs sont toutes boisées, et l'espèce humaine, qui a naturellement établi ses demeures dans les vallées, aux bords des cours d'eau, gît sous l'épais manteau de brumes, qui nous la dérobe, et qui lui dérobe la vue du ciel. L'homme qui s'imagine être le roi de la création et qui se berce de la vaniteuse idée que le ciel a été construit pour lui, passe les trois quarts de sa vie sous le brouillard, dans la condition de l'huître attachée au rocher, et les yeux tournés, non vers le ciel, mais vers la glèbe, rivé aux appétits grossiers de la matière.

Mais quoi? Retournons-nous à Paris? Oui; évidemment. Depuis que nous nous sommes laissés descendre, nous avons été repris par le courant qui nous ramène au sud-ouest. N'y séjournons point, jetons du lest, remontons vite et reprenons notre direction.

Eh! quels sont ces éclairs qui traversent le ciel et l'illuminent? Un orage va-t-il nous saisir avant l'arrivée du jour? Ils se multiplient, mais sont à une grande distance, car on n'entend aucun bruit. Quoi qu'il en soit, un sac de lest est versé et nous sommes remontés à trois mille mètres. Les nuages ont disparu, la lumière de la lune pâlit devant celle du jour; Sirius étincelle. On distingue les taches de la lune comme sur la carte. Nous planons bientôt à *quatre mille mètres* d'altitude au-dessus du niveau moyen des hommes! Mais tout est gelé dans la nacelle: le psychromètre destiné à mesurer l'humidité de l'air, le potage emporté la veille et, malgré les fourrures, les aéronautes eux-mêmes. Le thermomètre métallique de Trémeschini, construit exprès par l'inventeur pour cette ascension, se tient à 10° au-dessous de zéro. Loin de se plaindre du froid, ma courageuse compagne, pleine d'enthousiasme, prétendait ne s'être jamais si bien trouvée.

Trois heures du matin. — Au-dessus de nos têtes s'élève un vaste dôme, véritable palais de merveilles : les nuages qui passent semblent n'avoir pour but que d'élargir les dimensions de cet Olympe; sans leur secours, notre œil ne pourrait sonder l'espace infini. Au-dessous de ces vapeurs légères, des montagnes se dressent les unes sur les autres, s'éloignant par étages des plaines immenses de cette contrée divine habitée sans doute par les génies de l'air, les sylphes et les lutins. Quelques-unes de ces masses compactes semblent ravagées par les avalanches, découpées par la marche irrésistible des glaciers. La nuée insaisissable paraît acquérir la dureté du quartz et du diamant ! Ces nuages ont la forme de cônes immenses, s'élançant hardiment vers l'infini. Ceux-ci ressemblent à des pyramides dont les pans sont à peine ébauchés.

C'est plutôt de la terreur que de l'admiration que commande le spectacle de cette nature grandiose, car le silence qui règne de toutes parts écrase la raison humaine et l'empêche de perdre de vue sa petitesse en face de l'infini. L'aérostat lui-même glisse en silence, comme s'il avait à craindre de troubler un pareil recueillement. C'est à voix basse que les habitants de la nacelle échangent leurs pensées ; ils redoutent que leurs confidences terrestres ne soient entendues par quelque génie inconnu. Chaque mouvement fait gémir les cordages et trouve comme un double écho dans l'intérieur du ballon.

Austère et effrayante, cette nature céleste nous attire, comme le ferait l'abîme ouvert sous nos pieds si le fragile plancher qui nous en sépare venait à s'effondrer. Dans ces sphères ultimes, c'est une sorte de vertige de l'infini. On aimerait errer toujours au-dessus de ces plaines sans fin.

Comme le prélude d'un concert immense qui se prépare, toute la nature atmosphérique se met en fête pour saluer le lever du soleil. Les nuages lointains s'embrasent et ressemblent aux Alpes éclairées par le soleil couchant; les plus légères vapeurs se teignent en rose tendre, du lit de pourpre de l'astre radieux s'élancent en tous sens des gerbes de lumière, et les nuées supérieures se bordent d'une éclatante broderie d'or. Soudain tout s'écarte, les plans s'éloignent et le foyer de la lumière et de la chaleur s'élève majestueusement, en versant au loin

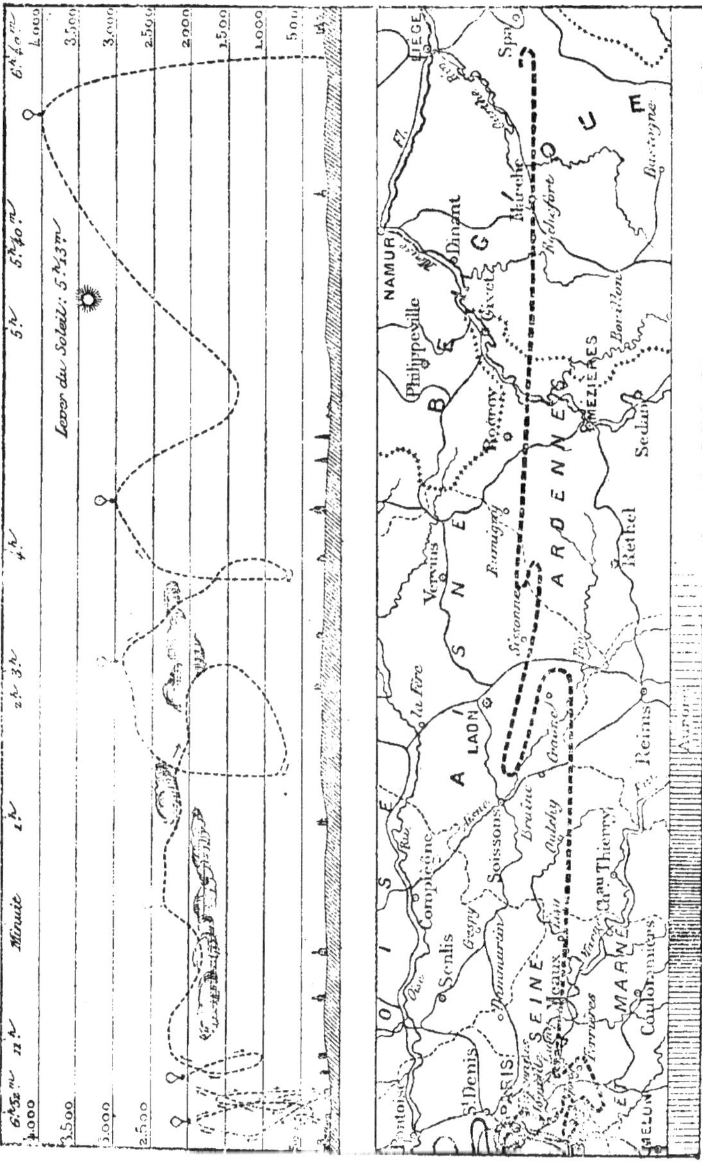

Onzième Voyage aérien. — De Paris à Spa.

E. Heile Sc.

dans l'espace les flots de la fécondité et de la vie !

Livré à lui-même, notre globe colossal, tout dilaté, s'élèverait maintenant davantage encore ; il faut à chaque instant abandonner une certaine quantité de gaz, pour empêcher la dilatation d'agir trop rapidement. Mais nous planons sur la Belgique. Les plaines de Rocroi et la vallée de la Meuse se sont éloignées. La frontière allemande arrive, et, si proches de la dernière guerre, des voyageurs français ne tiennent en aucune façon à donner un spectacle aux Prussiens. De 4000 mètres de hauteur, nous descendons, en vingt minutes, nous poser au sein d'une admirable vallée du pays wallon ; les montagnes s'élèvent, la nacelle s'arrête au bord d'un ruisseau gazouillant. C'est un coin de la Suisse encadré dans le versant de la Meuse. Nous sommes à Spa ! Il est 6 heures 40 minutes, presque l'heure de notre départ, la veille au soir.

On voit quelles curieuses péripéties ce voyage aéronautique a rencontrées. Mon frère, qui prenait pour la première fois les chemins aériens, s'y est très vite acclimaté. Mme Camille Flammarion rêvait et contemplait, sans songer aux dangers imprévus, et ne voulait plus ni descendre, ni quitter la nacelle où elle avait ressenti les émotions de cette nuit passée au-dessus des nuages. Sa présence, du reste, nous éclipsa immédiatement aux yeux des curieux et des curieuses qui arrivèrent de toutes parts : on chercha d'abord à toucher ses vêtements pour s'assurer que cette fille d'Ève descendue du ciel n'était pas une abstraction, puis on s'enhardit à lui adresser la parole et même à lui apporter du lait. Pour nous, on nous avait tout de suite relégués au second plan.

Ce voyage est sans contredit l'un des plus curieux qui aient été accomplis dans les airs, tant au point de vue météorologique que sous l'aspect purement artistique. Je serai satisfait si, dans cette nouvelle relation, fort simple et bien inférieure aux émotions que nous avons ressenties, j'ai réussi à donner au lecteur une idée exacte de l'intérêt captivant qui s'attache à ces excursions de l'homme dans l'empire qu'il est un jour appelé à conquérir.

XII

DOUZIÈME VOYAGE

J'avais depuis quelque temps la nostalgie du
ciel. C'est une fascination lointaine et pénétrante
que celle du doux navire aérien sur l'esprit de
ceux qui déjà lui ont confié leur destinée: le souvenir de ces grands horizons, de ces heures
victorieuses où l'on plane au-dessus des petites-
ses d'en bas, de ces silences absolus de l'atmosphère supérieure, de ces nuages massifs et im-
palpables qui roulent sous nos pieds à la lumière
pâlissante de la lune, de ces étoiles éclatantes

qui semblent nous appeler vers leur attraction infinie, de ces aurores angéliques qui s'éveillent comme un céleste concert, le souvenir des tableaux aériens inénarrables qui se déroulent dans l'espace au lever du soleil, hantait mes rêves depuis le jour où j'ai mis la dernière main à mes travaux sur les étoiles doubles et à l'*Astronomie populaire*, et, commençant à respirer après ces labeurs de longue haleine, je ne désirais comme diversion, cette année, ni la mer ni les montagnes, mais les sublimes hauteurs de l'atmosphère. Fascination étrange! Comme on comprend bien que le premier mortel qui se soit élancé dans les airs, le jeune et intrépide Pilâtre des Rosiers, en ait été aussi la première victime et ait scellé de son sang le martyrologe de la navigation aérienne!

Mes lecteurs se souviennent peut-être aussi de ce rêve scientifique et esthétique dont j'ai parlé plus haut, lors de mon voyage aérien de Paris en Prusse : rester deux jours et deux nuits en ballon, immergé autant que possible dans le même courant aérien, et marchant avec lui pour en étudier les variations. L'aérostat qui m'était offert pour tenter la réalisation de ce projet était dans les meilleures conditions. Construit tout entier en *soie de Chine* imperméable, mesurant 1500 mètres cubes, recouvert d'un filet léger, muni d'un matériel neuf et très soigné: tout semblait préparé pour le succès, et l'aéronaute ne paraissait pas en douter. Il avait, du reste, le même désir que moi de conduire avec honneur cette longue traversée, et, j'espérais rester, sinon deux jours et deux nuits, du moins deux nuits et un jour [1].

Entendant parler de ce projet de voyage au long cours, deux amis intriguèrent pour en

1. Pour plus de sûreté encore, j'avais fait une sorte de petit traité avec l'aéronaute : en outre de *tous* les frais, dont il n'avait pas à se préoccuper, je lui avais alloué une indemnité de mille francs par jour s'il réussissait. Fût-il resté quinze jours, ce n'eût pas été là un plaisir scientifique trop chèrement payé.

faire partie : M. Maurice Fouché, de l'Observatoire, et M. Paul Thomas, de la Société de Géographie. Le premier se charge des observations météorologiques ; le second se propose de lever des plans ; pour moi, je ne m'occuperai que du relevé de notre marche, de sa direction et de sa vitesse.

Madame Flammarion tenait aussi essentiellement à m'accompagner de nouveau dans les régions aériennes. Enfin, au dernier moment, l'aéronaute, Eugène Godard, m'annonça qu'il avait un associé, M. Crommelin, et qu'il lui était impossible de partir sans lui.

L'expédition se trouvait ainsi composée de six passagers ; malgré la force ascensionnelle de cet excellent aérostat[1], et les 300 kilos de lest que nous pouvions encore emporter, elle n'aurait pu se prolonger dans les termes du programme s'il n'avait été décidé que les voya-

---

1. Là force ascensionnelle du gaz d'éclairage est de 700 grammes par mètre cube. Un aérostat de 1500 mètres cubes soulève donc 1050 kilogrammes.

geurs aériens descendraient *successivement*, lorsque la déperdition du gaz amènerait le ballon dans le voisinage du sol, et qu'à la fin nous ne resterions que trois dans la nacelle pour la dernière étape. La combinaison paraissait facile, et elle eût pu se réaliser sans le vent, le plus grand ennemi des aéronautes. Je garde la ferme espérance de pouvoir naviguer au moins vingt-quatre heures ; ce qui ne serait pas à dédaigner puisque personne n'a jamais pu y réussir.

Nous avions choisi pour jour de départ le 21 juillet, époque de la pleine lune, et nous devions partir le soir, à condition que le vent soufflât de l'ouest.

Si l'on a le projet de faire un long voyage aérien, il est préférable de commencer par la nuit, attendu que l'aérostat subit moins de vicissitudes de température, de dilatations et de condensations que pendant le jour, perd moins de gaz et peut se maintenir à une hauteur plus uniforme. Le lendemain, la chaleur solaire peut compenser par la dilatation les pertes éprouvées pendant la nuit et ajouter les avantages de la montgolfière à ceux de l'aérostat. De plus, il y a des observations spéciales à la nuit, qu'il est intéressant de ne pas manquer.

En arrivant à l'usine à gaz de la Villette, le jeune associé de Godard tombe du camion et se fend la tête. Deux heures après, le vent souffle en tempête et la pluie arrive. Le lendemain, le temps est moins mauvais, mais l'aéronaute a la fièvre. Nous flottons ainsi pendant plusieurs jours dans une incertitude énervante. Ces accidents, ces difficultés, ces retards seraient d'un mauvais présage si, comme les anciens Romains. nous croyions aux jours néfastes et aux augures ; mais nous sommes les fils des Gaulois, et nous décidons que nous partirons quand même, le 27, après le coucher du soleil, quoiqu'il arrive.

A dix heures du soir, le beau globe de soie, auquel nous allons suspendre nos destinées, se balance frémissant, prêt à prendre son vol, caressé par les premiers rayons rougeâtres de la lune orientale. Il est entièrement gonflé, parfaitement sphérique, mais l'appendice inférieur reste ouvert, afin que le gaz puisse s'échapper aux moments de dilatation. L'intérieur de l'aérostat est visible. Cette sphère de gaz soulève et emporte mille kilogrammes. Nous sommes dans la nacelle. Une poignée de sable suffit pour nous faire quitter la terre. Le globe monte et glisse en silence, suivant une ligne oblique qui l'élève lentement dans la direction de l'Est.

Les amis qui assistèrent à notre départ nous virent disparaître en quelques minutes dans le ciel nuageux et noir, vaguement éclairés par la lune qui se levait entre les nuages. Pour nous, je l'avoue, la transition a été *brusque* et *stupéfiante* entre les conversations qui nous entouraient au départ et le silence morne, glacial et subit d'en haut.

Quel spectacle que celui de Paris, observé à dix heures du soir, du haut de la nacelle de l'aérostat solitaire ! Déjà je l'avais contemplé du haut du magnifique ballon captif si merveilleusement installé par M. Giffard, en 1878 et 1879, dans la cour des Tuileries. Mais l'impression du ballon captif reste toujours incomplète. Ici, quel isolement, quelle solitude ! La grande capitale est là, sous nos pieds, tout illuminée. Quel tourbillon ! quelle vie ! quelles passions ! quelles rivalités ! Là s'agitent les petits combats de la grande bataille de la vie, et nous, nous planons dans le silence éternel, montant, étonnés, stupéfaits, ravis, dans la direction de la Voie lactée où déjà resplendissent les feux célestes de Persée et d'Andromède... L'esquif aérien glisse mystérieusement à travers les plaines éthérées.

A peine commencions-nous à jouir de ce

grand spectacle : l'illumination de Paris en bas, l'illumination du ciel en haut, qu'un cri d'épouvante s'échappe de toutes nos poitrines : « Malheureux ! que faites-vous ? » Et nous nous précipitons aux jambes du jeune aéronaute pour l'arracher à une mort certaine. Il était déjà debout sur le bord de la nacelle pour en sortir et grimper, *par l'extérieur*, dans les cordages du filet ! Un faux mouvement et, au milieu des ténèbres, il tombait de cinq cents mètres de hauteur ; et nous, délestés de son poids, nous étions lancés au zénith avec une rapidité vertigineuse ! C'eût été assurément fort remarquable au point de vue d'un scénario dramatique, et même comme complément des expériences de Galilée sur la chute des corps ; mais tel n'était pas le but de notre voyage, et nous priâmes notre intrépide compagnon de rester tranquille, sur un ton qui ne laissait aucune ambiguïté à l'expression absolue de notre volonté.

Qu'elle était belle, cette Lune aux froids rayons qui allait devenir notre seule compagne, notre seule lumière, jusqu'à la fin de la nuit ! Elle semblait s'écarter des nuages légers qui jouaient devant elle, pour regarder curieusement ce nouveau petit satellite qui tournait autour de la terre, de l'occident à l'orient. Elle paraissait plus proche de nous, et tandis qu'elle veillait sur le sommeil de la terre, on aurait pu croire qu'elle sentait que nous aussi, seuls dans l'univers, nous étions comme elle suspendus au-dessus du monde. Elle nous devenait encore plus sympathique, plus amie, plus intime. Non loin d'elle, un astre éclatant resplendissait de tous ses feux dans l'atmosphère limpide : c'était Jupiter, le monde immense, la capitale de l'univers solaire. Les pierreries du ciel disséminées dans l'espace, jetaient leurs feux d'or et d'argent. Plusieurs fois nous aperçûmes des étoiles filantes, qui paraissaient se détacher des cieux et tomber dans l'atmosphère au-dessous de nous.

Mais notre navire aérien subit de fortes oscillations; il monte, descend, suivant les différences de température des couches d'air, qui malheureusement sont très accentuées. On perd déjà du lest. Voguant tantôt un peu plus vers le Nord, tantôt un peu plus vers l'Orient, nous sommes sortis des départements de la Seine et de Seine-et-Oise, et entrons dans Seine-et-Marne par Villeparisis; à 11 h. 40 m., nous passons au zénith de Claye, à 1000 mètres de hauteur. En nous penchant un peu, du haut de notre balcon céleste, nous distinguons fort bien les détails de toute la topographie environnante, l'horizon lointain s'est élevé avec nous, la terre est une immense surface plane, sans la moindre colline, un véritable plan topographique, avec ses nuances de forêts, de champs, de prairies, de villages, de rochers, de rivières, de routes et de chemins de fer, visibles à la douce clarté de la lune, et la forme concave qui est si évidente aux grandes hauteurs est déjà très sensible. Toute cette étendue est plongée dans le sommeil; un silence immense, absolu, profond nous enveloppe et nous pénètre, nous invitant à ne pas même échanger nos impressions et à écouter... à écouter le silence!... Une nuit en ballon : il n'y a qu'un mot pour la définir, et un mot bien vague : *c'est un rêve.*

Les douze tintements de la cloche de minuit s'envolent successivement des villages qui passent au-dessous de nous.

On entend les cailles dans les blés.

A mille mètres, en entrant dans Seine-et-Marne, nous revîmes Paris une dernière fois, comme un petit phare lumineux sur le fond noir de l'espace occidental, plan tout à fait reconnaissable à sa forme : on aurait pu nommer les boulevards des fortifications. Maintenant, nous voguons en pleine nuit : plus la moindre lumière sur la terre.

La ville de Meaux et la Marne passent en silence à notre droite. Nous touchons successivement aux deux boucles boréales que la rivière forme sous Lisy et à Mary, voguant toujours vers le nord-est et remontant la Marne à quelques kilomètres de sa rive droite. De temps en temps, la blonde Phœbé se mire tranquillement dans l'onde. Nous sommes montés à 1500 mètres, puis retombés à 1000 en entrant sur le département de l'Aisne.

Le silence qui nous environne est si immense que c'est à peine si nous osons échanger nos impressions. Cependant lorsqu'on est six, il est difficile de rester absolument muets. Les campagnes ombrées passent sous nos pieds ; quelquefois nous planons sur des champs jaunes où l'on distingue des bouquets d'arbres, sans doute des sources, puis des chemins gris tortueux et des routes blanches toutes droites. Godard nous explique comment une déchirure au ballon suffirait pour nous précipiter dans ces sombres profondeurs, attendu que notre poids exercerait une pression très efficace sur l'étoffe gonflée par le gaz et comprimée par le filet. Il ajoute que, comme c'est pendant la nuit qu'il a attaché la nacelle, il pourrait s'être trompé et avoir oublié quelque chose... Si une corde se détachait !... Au fait, il semble que la nacelle n'est pas verticale ! — C'était « pour nous distraire » qu'il nous racontait cette histoire.

1 h. 40 m.: Gare éclairée sur la rive gauche de la Marne, pont sur la rivière, et ville sur la rive droite. C'est Château-Thierry. Fleuve encaissé. Collines escarpées. Forêts. Deux trains se rencontrent. L'un nous suit, en faisant un tapage infernal, mais il marche bien moins vite que nous et n'arrive pas à nous atteindre.

Le ciel se couvre. Plus de lune. Tout est sombre autour de nous. La lecture des instruments devient impossible. La terre paraît s'enfoncer dans une brume noire. Nous ne distinguons presque plus rien. Il est 2 heures du matin et nous nous trouvons à 1650 mètres de hauteur, dans une atmosphère froide et au milieu de nuages vaporeux et légers, voguant dans l'espace avec une vitesse assez considérable, la plus grande que nous ayons atteinte en cette traversée : 38 kilomètres à l'heure. Les nuages qui passent devant la lune nous paraissent emportés dans une direction contraire à la nôtre.

Vers deux heures trois quarts, à l'heure où nous pouvions espérer compter sur l'aurore pour maintenir l'aérostat à une élévation suffisante, la condensation le fait descendre, descendre toujours. Godard a épuisé presque tout le lest. Il jette encore par-dessus bord des bouteilles et divers objets dont nous pouvons au besoin nous démunir ; mais une belle vallée se présente, et de crainte d'être obligé de descendre sur les hauteurs, il tire la soupape : deux bergers qui n'en croient ni leurs yeux, ni leurs oreilles, nous aperçoivent et nous entendent ; ils tirent à eux la corde du *guide-rope* et nous amènent dans leurs bras :

nous sommes à Mareuil-le-Port, sur les bords de la Marne. Il est 3 heures. Selon nos conventions, l'un des passagers descend de la nacelle ; les bergers remplissent trois sacs de terre pour équilibrer une partie de son poids ; puis nous remontons lentement dans les airs. Pendant ce temps-là, le jour est tout à fait arrivé.

Mais quoi ! Retournons-nous donc à Paris ? Oui, sans doute. Nous revenons presque sur nos pas, suivant une route aérienne dirigée vers l'O-N-O et formant un angle de 30 degrés environ avec celle qui nous a conduits ici. Est-ce un vent local de la vallée, qui vient de se former sous l'influence de l'aurore ? Est-ce notre propre courant qui a tout à fait changé de direction ? Quoi qu'il en soit, à partir de là notre route est absolument métamorphosée. Nous filons d'abord à l'O-N-O jusqu'à Verneuil, puis, nous élevant davantage, nous courons en plein Nord, vers Fismes. Déjà levés, les villageois se rassemblent, crient et nous appellent. Les chiens aboient, les poules se sauvent, les moutons, effrayés, se pressent les uns contre les autres en bêlant. Montant toujours, nous tournons maintenant au Nord-Est, après avoir passé sur les villages charmants de Passy-Grigny, Aougny, Logery, Brouillet, Crugny. Nous sommes dans le département de la Marne. Le chronomètre marque 4 heures 25 minutes.

A mesure que nous nous élevons dans le ciel, l'horizon oriental se décore des vives couleurs de l'écarlate et de la pourpre. Les rayons d'une gloire prodigieuse s'élancent vers les hauteurs et dans les profondeurs ; lentement, progressivement, la lumière augmente, l'illumination se déploie, les nuages se bordent des nuances éclatantes de l'or et de la rose, tandis qu'une nappe de feu paraît bouillonner dans la région inférieure. Les vertes et fraîches campagnes de la terre semblent encore endormies dans le sommeil de la nuit, et les vapeurs de l'aurore baignent encore les vallées dans leur moelleuse clarté. Tout à coup, un rayon éblouissant se précipite sur l'aérostat et dans l'atmosphère entière, jetant à travers l'espace les fantastiques féeries d'une céleste splendeur. Tout renaît, tout s'illumine, tout vit, tout chante. La sphère ardente du soleil apparaît, majestueuse, au-dessus de la nappe de feu qui lui servait de couche ; les montagnes s'éclairent sur les vallées qui s'éveillent ; le rêve est fini. Voici la lumière, voici l'activité, voici le jour ! Instant merveilleux où la nature entière paraît ressusciter, spectacle sublime devant lequel l'âme enthousiasmée vit d'une double vie, jouit d'une double jouissance, contemplant dans un fier bonheur cette vaste étendue des royaumes de la terre qui, maintenant, palpite et rayonne dans la féconde lumière de l'astre du jour.

L'ascension du navire aérien se continuait vers l'Orient : nous aurions pu assurément

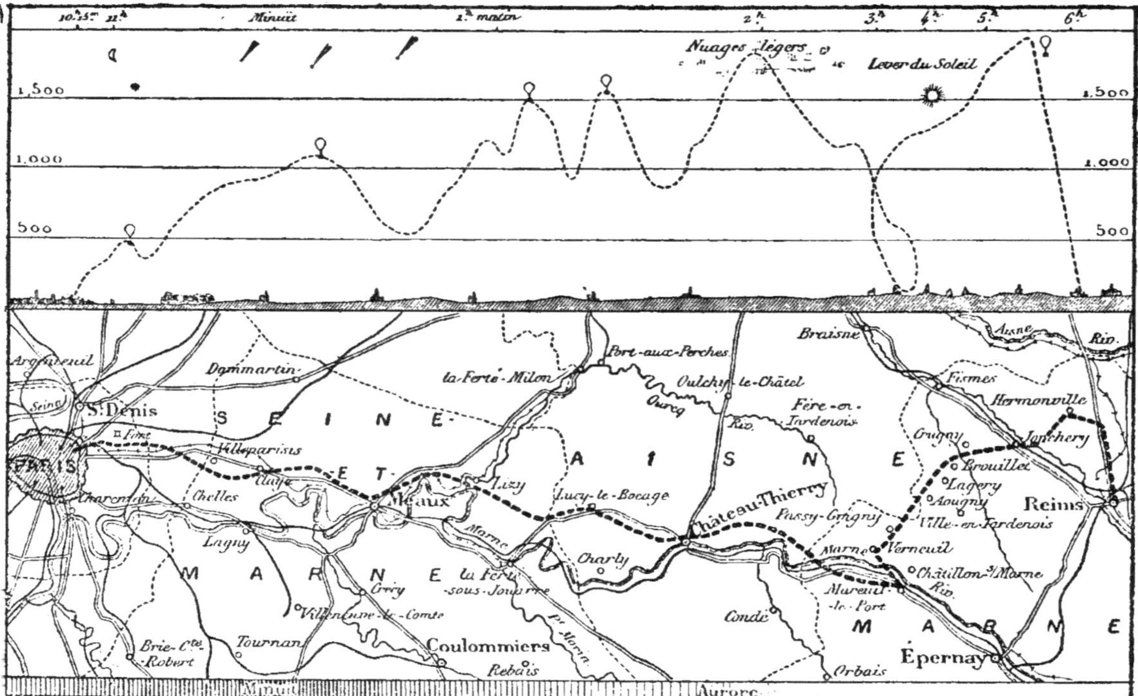

Douzième Voyage aérien. — Paris à Reims.

tenir l'air quelques heures encore et aller
descendre en Belgique. Mais l'antique cité
de Reims apparaît là-bas à notre droite : sa
cathédrale plane sur le brouillard comme un
navire sur la mer; il ne nous reste que vingt
kilos de lest, notre aéronaute craint le vent
qui déjà lui a joué tant de mauvais tours,
et les arbres lui paraissent trop agités pour sa
tranquillité. L'approche des Ardennes se fait
sentir. — Bast ! dit-il, descendons dans la vallée.
Si le vent cesse et si le soleil est bon, nous pour-
rons facilement remonter. Et, au pis aller, il y
a du gaz à Reims pour réparer nos pertes. — Je
lui rappelle que ce n'est pas là le but du voyage,
et que nous sommes en situation d'attendre plusieurs heures encore. Mais déjà il a ouvert la
soupape toute grande, et nous nous voyons en-
tourés de cinq cents paysans, à Hermonville, à
12 kilomètres au delà de Reims. Tout le village est dehors. Les hommes se jettent à travers champs pour saisir les cordes et s'em-

pètrent dans les vignes ; les femmes arrivent
en courant, traînant par la main des chapelets
d'enfants demi nus qui piaillent et qui tombent :
c'est une émotion sans pareille. Il est six
heures du matin.

Nous restâmes dans la nacelle, et de là on en-
treprit de nous conduire captifs à Reims au milieu de la surprise et des cris d'allégresse des
populations étonnées. Mais au sortir des vallées
le vent s'accentua de plus en plus. Bientôt, il
arrête violemment les efforts des plus courageux.
On quitte la route pour éloigner le ballon des
arbres contre lesquels il est jeté par rafales, et
nous sommes forcés de descendre de l'esquif aérien et d'attendre une heure d'accalmie. Le vent
souffle maintenant en tempête. Deux mille kilogrammes de pavés dont on avait empli la nacelle sont soulevés et renversés. L'étoffe du ballon flotte et claque dans le filet, et à chaque instant on s'attend à une déchirure. Ce n'est
qu'au coucher du soleil que nous pûmes arri-

ver aux portes de Reims, — précédés par deux mille citoyens chantant la *Marseillaise*. L'aérostat doré par le soleil s'avançait noblement par la route immense, dont il occupait presque toute la largeur.

Tout fut immédiatement préparé pour le regonflement, par les soins de l'intelligent et sympathique directeur de l'usine à gaz ; la nuit fut calme, et nous comptions repartir au lever du soleil. Mais de nouveau le vent ramena la tempête, il fut impossible de conduire le ballon à l'usine, et bientôt après, un orage épouvantable, accompagné de grêle et suivi d'une pluie diluvienne, couronnait l'odyssée de ce voyage accidenté, dont les circonstances météorologiques et la prudence exagérée de l'aéronaute faisaient absolument changer la nature.

En de telles conditions, le départ de Reims était irréalisable. Le même jour, un ballon s'élevait de Rethel, et, dès la première minute, était renversé par une rafale oblique et jeté sur les toits ; l'aéronaute ne dut la vie qu'à un heureux hasard. Neuf fois sur dix, ces surprises arrivent en météorologie : on ne sait rien, on ne peut rien prévoir. *La météorologie et l'aérostation sont au niveau de la médecine !*

Cet aérostat a pourtant réalisé les termes de mon programme : il est resté gonflé deux nuits et un jour, et si nous n'étions pas descendus, il continuait de nous emporter vers d'autres latitudes. Mais dès le départ les conditions étaient peu propices, l'atmosphère trop variable, la température hétérogène, les dilatations et condensations fréquentes. C'eût été un tour de force, de réussir à descendre par escales successives, et, du reste, quoique le programme n'ait pas ainsi été complètement exécuté, nous avons fait là, en grand, une belle expérience d'aéronautique. — Il était écrit qu'elle se terminerait dans les flots de champagne de l'hospitalité rémoise.

La projection de notre route aérienne est de 150 kilomètres, parcourus en moins de sept heures, ce qui donne pour la vitesse moyenne 23 kilomètres à l'heure. Mais quelle variété dans ces vitesses même : vent à peine sensible à notre station de Mareuil, et 38 kilomètres à l'heure à 1650 mètres de hauteur. Les courants inférieurs flottaient, variables, dans une étrange indécision, tandis que le courant supérieur portait constamment au Nord-Est. C'est ce qu'à l'occasion de ce voyage j'ai du reste observé pendant quinze jours, en comparant la girouette de l'Observatoire de Paris et la direction des nuages. Le vent de terre a été presque toujours différent de celui des nuages; il en résulte clairement que les données que l'on adopte sur le régime des vents en France, conclues de deux siècles d'observation de la girouette de l'Observatoire, sont *complètement erronées* au point de vue des conséquences météorologiques qu'on en tire, et ne représentent pas du tout la proportion réelle des courants océaniques et des courants continentaux.

Aux époques mêmes ou l'on croit que le courant qui règne sur le temps à Paris vient d'Allemagne, c'est au contraire l'Atlantique qui nous envoie ses effluves, les vents de terre n'étant le plus souvent que des remous, des réactions de l'océan aérien. Ce dernier voyage nous a aussi donné une confirmation nouvelle de ce fait assez imprévu, déjà constaté par mes ascensions antérieures : que les nuages ne sont pas plus humides que les couches d'air transparent sur lesquelles ils reposent. Il nous a également montré que pour certaines observations astronomiques, telles que celles des étoiles filantes, de la lumière zodiacale, des aurores boréales, l'observatoire aérien se trouve placé dans des conditions d'observation vraiment exceptionnelles.

Que d'études à faire ! que de problèmes à élucider ! sans compter l'imprévu, qui certainement jouera toujours ici le plus grand rôle. Si l'on joint à l'utilité scientifique le charme tout particulier à cette locomotion supérieure, on peut s'étonner à bon droit de la rareté persistante de ces voyages, depuis bientôt un siècle que le premier globe de Montgolfier s'est envolé dans les airs. On entend souvent un reproche, un regret, adressé aux ballons : « Eh ! répète-t-on, on ne sait pas où l'on va ! »... Il y a là une certaine erreur : on sait toujours où l'on est, et dans quelle direction on marche, et l'on descend généralement où l'on veut. Sans doute, la direction du courant peut changer, aussi bien que sa vitesse, et quelque vague mystère plane toujours devant l'essor du navire aérien. Mais c'est là le charme principal : le nouveau, l'inconnu, l'imprévu. C'est là surtout l'image de la vie : chacun de nous est-il autre chose qu'un aérostat vivant, porté par les vents changeants de la destinée, pour être conduit un peu plus tôt, un peu plus tard, suivant la vitesse du courant, à ce port mystérieux d'où l'on ne relève plus l'ancre? Heureux quand nous y descendons au milieu du calme d'un beau soir, le sourire errant encore sur nos lèvres et l'espérance endormant son rêve dans nos cœurs.

APPENDICE

I

RÉSUMÉ DES

OBSERVATIONS SCIENTIFIQUES

FAITES DANS LES DOUZE VOYAGES PRÉCÉDENTS [1]

Les ascensions scientifiques que j'ai accomplies m'ont permis d'observer certains faits importants dont la connaissance me paraît de nature à jeter quelque lumière sur les problèmes encore si obscurs de la météorologie. Pénétré de la conviction que tous les mouvements de l'atmosphère sont soumis à des lois régulières, aussi bien que ceux des corps célestes dont la mesure constitue aujourd'hui l'édifice inébranlable de l'astronomie moderne, j'ai pensé qu'il serait utile à la fondation de la science du temps de chercher à voir de près le mécanisme de la formation des nuages, la circulation des courants, l'état physique des différentes couches d'air, en un mot, d'observer, en s'y transportant, le monde atmosphérique dans son action multiple et permanente. La perspective des bienfaits que la science météorologique répandra un jour sur le travail de

1. Extrait des *Comptes rendus* de l'Institut (Académie des Sciences).

l'homme, l'examen de la connexion de cette science avec l'astronomie et la physique du globe d'une part, avec la physiologie de la vie des plantes, des animaux et de l'homme lui-même d'autre part, ont soutenu ma confiance en l'utilité de ces excursions aériennes. Ces douze ascensions ont été effectuées en diverses conditions atmosphériques, de nuit comme de jour, le matin et le soir, par un ciel couvert comme par un ciel pur. Quelques-uns de ces voyages ont eu une durée de douze et quinze heures [1].

Le programme est vaste et complexe. Cependant l'ensemble des observations se partage sous les titres suivants :

1° Loi de la variation de l'humidité dans l'air suivant l'altitude ;

2° Accroissement du pouvoir diathermane de l'air et de la radiation solaire avec l'altitude et avec la décroissance de l'humidité ;

3° Circulation des courants ; leur déviation giratoire et les mouvements généraux de l'atmosphère ; intensité et vitesse ; variations locales;

4° Loi du décroissement de la température de l'air ; ses variations;

5° Nuages : forme, hauteur, dimensions ; état hygrométrique et calorifique ; phénomènes, etc. ;

1. J'ai vu avec bonheur cette série de voyages devenir le point de départ d'un réveil de l'aérostation scientifique en France. J'accomplissais mon sixième voyage aérien (Paris à Angoulême, 23 juin 1867) quand M. W. de Fonvielle s'élança pour la première fois dans les plaines de l'air, et un an plus tard, M. G. Tissandier commençait à son tour ses nombreuses et importantes expéditions aéronautiques. Nous aurons certainement des successeurs : *Sic itur ad astra !*

6° Expériences diverses relatives à l'acoustique, à l'optique, à la mécanique, à la physique du globe, à l'astronomie, etc.

I

LOI DE LA VARIATION DE L'HUMIDITÉ DANS L'AIR SUIVANT L'ALTITUDE.

Dans douze séries d'observations spéciales représentant environ six cents positions différentes, la distribution de la vapeur d'eau dans les couches atmosphériques a suivi une règle constante que l'on peut énoncer en ces termes :

1° L'humidité de l'air s'accroît à partir de la surface du sol jusqu'à une certaine hauteur ; 2° elle atteint une zone où elle reste à son maximum ; 3° elle décroît à partir de cette zone et diminue constamment ensuite à mesure que l'on s'élève dans les régions supérieures.

La zone à laquelle je donnerai le nom de *zone d'humidité maximum* varie de hauteur suivant les heures, suivant les époques et suivant l'état du ciel.

Je ne l'ai trouvée qu'en de rares circonstances (principalement à l'aurore) voisine de la surface du sol.

Cette marche générale de l'humidité est constante, que le ciel soit pur ou couvert, et elle se manifeste dans les observations faites pendant la nuit aussi bien que dans les observations diurnes.

Les tableaux hygrométriques construits après chaque voyage montrent avec évidence la permanence de cette loi.

18.

Il se présente des différences considérables relativement à la hauteur de la zone maximum et à la proportion de l'accroissement de l'humidité. Ainsi le 10 juin 1867, et à 4 heures du matin (vent N.-E.), au lever du soleil et sur la lisière de la forêt de Fontainebleau, la zone maximum était à 150 mètres seulement de la surface du sol. L'hygromètre construit spécialement pour ces études marque 83 degrés au niveau du sol et s'élève rapidement jusqu'à 98, qu'il atteint à 150 mètres. A partir de là, il redescend désormais à mesure que l'aérostat s'élève, marquant 92 à 300 mètres, 86 à 750, 65 à 1100, 60 à 1350, 54 à 1700, 48 à 1900, 43 à 2200, 36 à 2400, 30 à 2600, 28 à 2900, 26 à 3000, 25 à 3300 mètres. L'atmosphère était d'une très grande pureté et sans le moindre nuage.

Dans une autre ascension, le 15 juillet, à 5^h 40^m du matin (vent S.-O.), descendant d'une altitude de 2400 mètres au-dessus du Rhin, sur Cologne, j'ai trouvé la zone maximum à 1100 mètres. Le ciel n'était pas entièrement pur. L'humidité relative de l'air était de 62 degrés à 2400 mètres, de 64 à 2200, de 75 à 2000, de 85 à 1800, de 90 à 1600, de 92 à 1550, de 95 à 1330, de 98 à 1100 mètres. C'est la zone maximum. Puis, à mesure que l'aérostat descend, l'humidité diminue. A 890 mètres elle est déjà descendue à 92 degrés, à 706 à 90, à 510 à 87, à 240 à 84, à 50 mètres du sol à 83, et à la surface à 82 degrés. Suivant la même descente, le thermomètre s'était élevé de 2 à 18 degrés centigrades.

Le 15 avril 1868, à 3 heures après-midi (vent N.), parti du jardin du Conservatoire des Arts et Métiers, j'ai constaté une marche analogue dans la variation de l'humidité. Au départ, dans le jardin, l'hygromètre marque 73 degrés, s'élève à 74 à 776, donne 75 à 900, 76 à 1040, 77 à 1150. C'est la position de la zone maximum. L'humidité décroît ensuite progressivement et constamment; elle est de 76 degrés à 1230 mètres, de 73 à 1345, de 71 à 1400, de 69 à 1450, de 67 à 1490, de 64 à 1545, de 62 à 1573, de 59 à 1608, de 56 degrés à 1650 mètres. A 2000 mètres l'humidité ambiante est descendue à 48 degrés, à 2400 mètres elle est de 36, à 3000 de 31, à 4000 mètres de 19 degrés.

Cette ascension a été faite par un ciel nuageux. Le maximum d'humidité était un peu au-dessous de la surface inférieure des nuages.

Le 23 juin 1867, à 5 heures du soir (vent N.-N.-E.), la zone maximum se trouvait à 555 mètres et également au-dessous des nuages.

Le 30 mai, à 4 heures du soir (vent N.-N.-O.), l'humidité croît de la surface du sol à 500 mètres, et s'élève de 67 à 75 degrés.

Le résultat général montre donc que l'humidité augmente de la surface du sol jusqu'à une certaine hauteur variable, et *décroît ensuite jusqu'aux plus grandes hauteurs*. Je ne me crois pas encore en droit de préciser ces variations proportionnelles ; des causes complexes rendent les règles difficiles à dégager. Indépendamment de la hauteur, l'humidité de l'air varie selon l'heure, selon l'élévation du soleil sur l'horizon, selon l'état du ciel et parfois aussi selon la nature sèche ou humide des terrains au-dessus desquels passe l'aérostat. Mais la loi générale énoncée plus haut ne m'en paraît pas moins pouvoir être adoptée comme une remarque constante. J'insiste d'autant plus fortement sur ce fait, que la connaissance de la variation de l'humidité relative de l'air est regardée comme l'élément le plus important des bases météorologiques.

II

ACCROISSEMENT DU POUVOIR DIATHERMANE DE L'AIR ET DE LA RADIATION SOLAIRE AVEC L'ALTITUDE ET AVEC LE DÉCROISSEMENT DE L'HUMIDITÉ.

Lorsqu'on a dépassé les régions inférieures de l'atmosphère, et en général l'altitude de 2000 mètres, on ne peut s'empêcher de constater l'accroissement très sensible de la chaleur du soleil relativement à la température de l'air ambiant. Ce fait ne m'a jamais plus impressionné que dans la matinée du 10 juin 1867, lorsque, nous trouvant à 7 heures du matin à une hauteur de 3300 mètres, nous avons eu pendant une demi-heure 15 degrés de différence entre la température de nos pieds et celle de nos têtes, ou, pour mieux dire, entre la température de l'intérieur de la nacelle (ombre) et celle de l'extérieur (soleil). Le thermomètre à l'ombre marquait 8 degrés; le thermomètre au soleil, 23 degrés. Tandis que nos pieds souffraient de ce froid relatif, un ardent soleil nous brûlait le cou, les joues, et en général les parties du corps directement exposées à la radiation solaire.

L'effet de cette chaleur est encore augmenté par l'absence du plus léger courant d'air.

Dans une ascension postérieure à celle-ci, j'ai éprouvé en même temps la différence singulière de 20 degrés entre la température de l'ombre et celle du soleil, à 4000 mètres d'altitude. Le premier thermomètre marquait — 9°,5 au-dessous du zéro ; le second + 10°,5.

Cet écart du rapport de la température de l'air à celle d'un corps exposé au soleil s'accuse et se manifeste en raison de la décroissance de l'humidité. La radiation solaire, la différence entre la chaleur directement reçue de l'astre radieux et la température de l'air, *augmente* à mesure que *diminue* la quantité de vapeur d'eau répandue dans l'atmosphère. Cette constatation permanente de la transparence de l'air privé d'eau pour la chaleur, établit que c'est la vapeur d'eau qui joue le plus grand rôle dans l'action de *conserver la chaleur solaire à la surface du sol.*

Ces résultats doivent être mieux dégagés de toute influence étrangère que ceux qui proviennent d'observations faites sur les montagnes, car, dans ce dernier cas, la présence des neiges et du rayonnement doit avoir un effet constant, tandis que les observations aéronautiques s'accomplissent dans des régions absolument libres.

III

CIRCULATION DES COURANTS. LEUR DÉVIATION GIRATOIRE ET LES MOUVEMENTS GÉNÉRAUX DE L'ATMOSPHÈRE. INTENSITÉ ET VITESSE. VARIATIONS LOCALES.

Immergé dans le courant atmosphérique qui l'emporte, l'aéronaute se trouve situé dans la meilleure condition possible pour connaître la direction constante du courant, comme pour en mesurer la vitesse.

J'ai eu soin, dans chaque voyage, de tracer exactement sur la carte de France ou d'Europe la projection de la ligne aérienne suivie par l'aérostat, à l'aide de points de repère qu'on prend avec la plus grande facilité lorsque le ciel est pur et qu'on peut toujours arriver à obtenir, même sous un ciel nuageux, soit en profitant des éclaircies, soit en descendant de temps en temps au-dessous les nuages.

L'aérostat marque si bien la direction et la vitesse absolue du courant, que la première sensation éprouvée en naviguant dans les airs est celle d'une immobilité complète. C'est une impression toute particulière et toujours surprenante de se voir voguer avec la vitesse du vent et de ne sentir aucun souffle d'air, pas la moindre brise, ni le plus léger mouvement, même lorsqu'on se trouve emporté avec furie dans l'espace par la plus violente tempête. Je n'ai éprouvé que rarement une bonne brise, notamment le 15 avril 1868 et le 11 septembre 1872, certainement parce que l'aérostat nous jetait alors dans des remous où divers courants se contrariaient.

Le courant océanique, le vent du sud-ouest, règne au-dessus de la France beaucoup plus souvent que ne l'indiquent les observations météorologiques de l'Observatoire de Paris et les conclusions fondées officiellement sur cet enregistrement. Tandis que la girouette tourne à tous les vents, à quelques centaines de mètres de hauteur ce courant permanent règne pendant des semaines et des mois entiers. Il n'est pas rare de trouver plusieurs courants superposés, de directions variées, et d'atteindre, au-dessus d'eux, la grande direction nord-est. Le 28 août 1874, *quatre courants superposés* étaient dominés par le courant supérieur qui nous conduisit à Spa.

Un autre fait capital ressort avec évidence du tracé de mes différentes lignes aériennes. Ces routes inclinent les unes et les autres dans le même sens, en vertu d'une déviation giratoire générale.

Ainsi, par exemple, le 23 juin 1867, l'aérostat, conduit par un vent du nord, file d'abord dans la direction du sud, puis il forme vers l'ouest un angle léger avec la ligne du méridien de Paris ; cet angle, d'abord très faible, puisque le ballon passe à l'est d'Orléans en traversant le 48ᵉ degré de latitude, s'accuse ensuite de plus en plus. En traversant le 47ᵉ degré, la direction devient sud-sud-ouest. En arrivant au 46ᵉ, elle est tout à fait sud-ouest, et c'est ainsi que nous arrivons à Larochefoucault, près Angoulême. Étant partis de Paris la veille à 4 h. 45 m., nous avions parcouru 480 kilomètres en onze heures trente-cinq minutes, avec des vitesses croissantes dont il sera question ci-après.

Ce mouvement de giration des couches atmosphériques, accusé par ce voyage, s'est manifesté d'une manière analogue en différentes traversées. Le 18 juin 1867 nous partons sous un vent est-nord-est, et, voguant d'abord ouest-sud-ouest, nous passons au zénith de Versailles. Coupant l'angle de la Forêt de Rambouillet après avoir traversé l'étang de Saint-Hubert, nous allons jeter l'ancre à Villemeux, au sud-est de Dreux. Remorqués à ballon captif jusqu'à cette ville, nous nous élevons de nouveau pendant la nuit et dès lors nous voguons tout à fait vers l'ouest. Du 1ᵉʳ au 2ᵉ degré de longitude, la rotation continue de s'accentuer. Nous passons sur Verneuil et Laigle et allons descendre à Gacé (Orne), conduits dans la direction ouest inclinée déjà vers le nord.

Dans la nuit du 9 au 10 juin, après être venus le soir de Paris en inclinant vers le sud et nous être arrêtés à la lisière de la forêt de Fontainebleau, à Barbison, nous remontons le matin dans l'atmosphère, et, suivant une courbe qui s'est de plus en plus accentuée pendant notre escale, malgré l'état de calme de l'atmosphère, nous allons tourner au sud-ouest et descendre près Lamothe-Beuvron, au sud d'Orléans.

Le 15 avril 1868, parti du Conservatoire, l'aérostat vogue d'abord vers le sud-sud-ouest, passe au zénith de l'Observatoire, laisse à l'ouest Bourg-la-Reine et Lonjumeau et passe sur Arpajon et Étampes. Nous suivons sensiblement la ligne du chemin de fer d'Orléans, en laissant à notre droite Angerville, Arthenay, Chevilly, puis, traversant la forêt d'Orléans, nous arrivons bientôt sur la Loire, en tournant de plus en plus vers le sud-ouest. Après avoir laissé Orléans à la gauche de notre route, *nous suivons le cours de la Loire* pour descendre à Beaugency, ayant de la sorte constamment dessiné un arc de cercle nous emportant vers le sud-ouest.

Cette déviation giratoire est probablement due à la rotation de la terre.

Une autre remarque ressort également de l'ensemble de mes observations : c'est qu'en général *la vitesse de l'air s'accroît avec la hauteur*.

Cette vitesse varie également avec les heures du jour. Dans la couche inférieure, l'air est le plus calme au coucher du soleil et pendant la nuit. Au lever du soleil, la vitesse du vent augmente, pour diminuer avant midi, et s'élever à son maximum dans l'après-midi.

La vitesse d'un même courant n'est pas régulière. Dans le voyage de Paris à Angoulême mon journal de bord enregistre la proportion suivante dans l'*accroissement* de vitesse : $4^m,67$ par seconde au sortir de Paris ; $7^m,40$ de Fontenay-aux-Roses à Sermaises ; $8^m,17$ de Sermaises à la Loire ; $10^m,25$ de la Loire à la Creuse ; et $12^m,12$ de la Creuse à Larochefoucault. Notre plus grande hauteur correspond à la vitesse de 9 mètres.

Le 30 mai, de Paris à Fontainebleau, la vitesse est de $7^m,16$ au départ, et de $10^m,33$ à l'arrivée.

Le 19 juin, dans une ascension nocturne de 1 h. 25^m du matin à $3^h 25^m$, de Dreux à Gacé, la vitesse moyenne de l'aérostat est de $10^m 40$ pendant la première heure et de $11^m, 95$ pendant la seconde.

Le 14 juillet, de Paris à Cologne, la vitesse s'est accrue jusqu'à minuit, et le maximum (14 mètres) s'est manifesté au-dessus de la Belgique, de Dinant à Namur, au milieu de la nuit et à la hauteur de 1600 mètres.

Le 15 avril 1868, la vitesse a été, en moyenne, suivant une progression croissante. Un maximum cependant ($14^m,20$) s'est manifesté au milieu du voyage, à notre plus grande hauteur.

Le 11 septembre 1872, nous nous transportons de Paris à Vaucouleurs en 9 h. 15 m.; vitesse moyenne : 28 kilomètres à l'heure ; vitesse régulière au-dessus de mille mètres ; courants contrariés sur la vallée de la Marne.

Le 28 août 1874 et le 27 juillet 1880, la plus grande vitesse correspond à la plus grande hauteur.

Les reliefs du sol agissent sur la direction des courants, sur leur température et sur leur vitesse, jusqu'à plusieurs centaines de mètres de hauteur. La couche atmosphérique inférieure a toujours une tendance à s'écouler le long des fleuves et des vallées. Mes observations sur ce point sont nombreuses et concordantes : Vaucouleurs, Beaugency, Meulan, etc.

VITESSE DU VENT :

Vent sensible	1 mètre par seconde, ou	3 1/2 kilomètres à l'heure.	
— modéré.	2	—	7
— assez fort.	6	—	21
— fort.	10	—	36
— très fort.	15	—	54
— violent.	20	—	72
Tempête.	25	—	90
Ouragan.	35	—	130

Lors même que le vent est très faible à la surface du sol, les nuages et les aérostats marchent avec une vitesse moyenne de 10 à 15 mètres par seconde ou de 36 à 54 kilomètres à l'heure.

IV

VARIATION DE LA TEMPÉRATURE SELON LES HAUTEURS.

La décroissance de la température de l'air, qui joue un si grand rôle dans la formation des nuages et dans les éléments de la météorologie, est loin de suivre une loi régulière et constante. Elle varie selon les heures, les saisons, la transparence du ciel, l'origine des vents, l'état de la vapeur d'eau, etc. Ce n'est que par un très grand nombre d'observations qu'on pourra parvenir à dégager une règle déterminée, l'action de plusieurs causes secondaires agissant sans cesse et devant d'abord être connues et éliminées.

Il résulte de 650 observations aérostatiques, faites au sein de ces conditions si dissemblables, et pourtant moins mauvaises que les conditions des observations faites sur les montagnes, il en résulte, dis-je, que la décroissance de la température de l'air diffère d'abord selon que le ciel est pur ou couvert : elle est plus rapide lorsque le ciel est pur; elle est plus lente lorsque le ciel est couvert.

Dans le ciel nuageux, l'abaissement de la température a été trouvé de 3 degrés pour les 500 premiers mètres ; de 6 degrés pour 1000 mètres ; de 9 degrés pour 1500 mètres ; de 11°,5 pour 2000 mètres. Au-dessus de cette hauteur on sort de la couche des nuages inférieurs. Moyenne : 1 degré pour 174 mètres

Dans le ciel pur, l'abaissement moyen de la température a été trouvé de 4 degrés pour les 500 premiers mètres à partir de la surface du sol ; de 7 degrés pour 1000 mètres; de 10°,5 pour 1500 mètres; de 13° pour 2000 mètres ; de 15 degrés pour 2500 mètres; de 17° pour 3000 mètres ; de 19° pour 3500 mètres. Si nous prenons la moyenne des 2000 premiers mètres, pour la comparer à la précédente nous la trouvons de 1 degré pour 154 mètres : le décroissement est plus rapide.

Pendant le jour, la température des nuages est supérieure à celle de l'air situé au-dessous et au-dessus.

Le décroissement est plus rapide dans les régions voisines de la surface du sol et se ralentit à mesure qu'on s'élève.

Le décroissement est plus rapide le soir que le matin, et pendant les journées chaudes que pendant les journées froides.

On rencontre parfois dans l'atmosphère des régions plus chaudes ou plus froides que la moyenne de l'altitude, et qui traversent l'atmosphère comme des *fleuves aériens*. Ces inversions de température se manifestent surtout par les journées froides ou en hiver.

Comme on l'a vu au § 2, la différence entre les indications du thermomètre de l'ombre et celles du thermomètre du soleil augmente à mesure qu'on s'élève dans les hauteurs de l'atmosphère.

V

NUAGES.

Formes, dimensions, état hygrométrique et calorifique, etc.

La multitude des formes revêtues par les nuages peut se réduire à deux principales : les *cumuli*, ou nuages ordinaires, qui ressemblent à d'énormes bouffées de vapeurs blanches, à des balles de coton plus ou moins irrégulières, et qui voyagent avec le vent sur nos campagnes ; les *cirrhi*, ou petites nuées blanches perdues dans les hauteurs de l'azur, qui forment parfois ces traînées si délicates et si déliées. Les premiers sont toujours les plus bas, et c'est d'eux que la pluie tombe lorsqu'ils se condensent en vastes nappes. On les appelle alors des *strati*, et des *nimbi* quand la pluie tombe.

Les premiers, les cumuli, sont situés à la distance moyenne de 1000 à 1500 mètres de la terre. On en rencontre au-dessous comme au-dessus de ces limites.

Les seconds, les cirrhi, ne sont pas inférieurs à cinq fois cette distance moyenne des premiers. Je ne les ai jamais atteints.

La surface supérieure des cumuli est boursouflée, mamelonnée, formée de montagnes blanches ayant l'aspect de la laine fraîchement cardée. On croit avoir sous les yeux des masses solides.

Ces nuages ne sont ni plus humides, ni plus lourds que l'air ; ils sont constitués par un état *visible* de la vapeur d'eau, laquelle, au dessous d'eux, est en aussi grande quantité qu'au-dedans d'eux, mais invisible. Cette vapeur devient visible lorsque l'air saturé d'humidité devient plus froid. La différence de température est toutefois à peine sensible à la base du nuage, et la chaleur augmente assez vite à mesure qu'on s'élève dans le nuage même.

Pendant la journée du 23 juin 1867, le temps était resté brumeux, et les nuages s'étendaient comme une immense nappe grise formée de vastes cumulostrati. A 5 heures du soir, nous atteignîmes la surface inférieure de cette nappe à la hauteur de 630 mètres. La surface supérieure était à 810 mètres. Ainsi ces nuages, qui ne laissaient pas percer le soleil, n'avaient pas 200 mètres d'épaisseur.

Le maximum d'humidité relative s'est manifesté sous la surface inférieure des nuages. L'hygromètre, marquant là 90 degrés, marque 89 à 650 mètres, 88 à 680, 87 à 720, 86 à 800, 85 à 840, au-dessus de la surface supérieure des nuages ; puis il continue à décroître.

La chaleur s'accroît, d'autre part, à mesure qu'on s'élève dans le sein des nuages. Le thermomètre, qui marquait 20 degrés au niveau du sol, est descendu jusqu'à 15 à 600 mètres. Entrant dans la nue, il s'élève à 16 à 650 mètres, à 17 à 700, à 18 à 750, à 19 à 810 mètres ; puis il décroît à l'ombre et continue d'augmenter au soleil.

En me reportant à cette première traversée des nuages dans l'aérostat solitaire, je ne puis m'empêcher de noter ici l'impression qui correspond dans l'âme à ces variations sensibles. En sortant de la sphère inférieure, grise, monotone, sombre et triste, et en s'élevant dans les nues, on éprouve une sensation de joie indéfinissable, résultant sans doute de ce qu'une lumière inconnue se déclare insensiblement autour de nous, dans cette région vague qui blanchit et s'illumine à mesure qu'on s'élève dans son sein. Et lorsque, parvenu au niveau supérieur, on voit tout à coup se développer sous ses regards l'immense océan des nuages, on se trouve toujours agréablement surpris de planer dans un ciel lumineux, tandis que la terre reste dans l'ombre. Un effet inverse se produit lorsqu'on redescend sous les nuages. On éprouve quelque tristesse à se voir retomber du ciel dans l'obscurité vulgaire et sous le lourd plafond qui couvre si souvent notre globe.

Le jour de l'ascension dont je parle, étant resté près de douze heures dans l'atmosphère, j'ai pu renouveler plusieurs fois les expériences relatives au niveau supérieur et inférieur des nuages. Deux heures après l'observation rapportée plus haut, c'est-à-dire à 7 heures, la surface supérieure était abaissée à 760 mètres, et la surface inférieure à 590 mètres.

A 8 heures, avant le coucher du soleil, la surface supérieure était à 700 mètres et l'inférieure à 550.

A 9 heures, les nuages, planant à la même hauteur moyenne, sont plus étendus en nappes légères.

Dès avant le coucher du soleil ils sont moins épais et plus transparents, il nous arrive souvent de voir la terre au travers.

Lorsqu'il fait déjà nuit sur la terre, en remontant au-dessus des nuages, on jouit d'une clarté relative qui permet de lire et écrire très facilement.

Les vésicules des nuages, qui mesurent en moyenne 2 centièmes de millimètre de diamètre, doivent être creuses, et elles ne sont sans doute pas plus lourdes que l'air dans lequel elles flottent, parce que l'air chaud qu'elles renferment doit compenser la différence entre le poids de l'enveloppe liquide et celui de l'air, au moins pendant le jour. Il y a aussi là un état électrique particulier.

Le 15 juillet 1867, au lever du soleil, j'ai pu observer lentement la formation des nuages au-dessus du bassin du Rhin. Nous voyons le soleil se lever à $3^h 40^m$; l'aérostat plane à 2000 mètres de hauteur au-dessus d'Aix-la-Chapelle. A $4^h 25^m$, des nuages commencent à se former bien au-dessous de nous, dans une zone située à la moitié de notre hauteur environ. La terre, qui jusqu'à ce moment était restée visible, est dérobée ici et là par d'immenses flocons.

Suspendus légèrement dans le sein de l'atmosphère, les nuages se dissipent sur un point, s'épaississent sur un autre avec une étonnante facilité. De plus, les lambeaux qui flottent de part et d'autre se rapprochent et se marient *comme par attraction électrique*.

Le soleil devient plus chaud à mesure qu'il s'élève davantage au-dessus de l'horizon, et fait monter l'aérostat. Le même effet se produit sur les nuages ; ils s'élèvent sensiblement et relativement plus vite que nous. En une heure ils se sont élevés de 800 mètres, et leur surface supérieure arrive presque à notre nacelle, comme un marche-pied.

Peu à peu ils se fondent avec la même facilité qu'ils sont apparus ; les derniers errent çà et là et disparaissent bientôt.

Le thermomètre marque 2 degrés.

L'hygromètre s'est incliné à la sécheresse, allant de 82 à 62, de 1900 à 2400 mètres. En opérant un peu plus tard notre mouvement de descente, nous avons trouvé 90 degrés à 1600 mètres, 98 à 1100, 90 à 706, 84 à 240 et 82 à la surface.

Les nuages se fondent souvent par leur partie supérieure et s'épaississent par l'inférieure.

Lorsqu'on vogue au-dessus de cette région des nuages inférieurs (cumulo-strati), et que des cirrhi planent dans le ciel, ces derniers nuages paraissent aussi élevés au-dessus de l'observateur que s'il n'avait pas quitté la terre. On se trouve de la sorte entre deux cieux bien différents. En arrivant à 4000 mètres, le ciel des cirrhi perd sa concavité, et celui des cumulo-strati se creuse. Lorsque l'atmosphère est pure, le même effet se produit pour la terre, et l'on est surpris de voir sous ses pieds une surface concave au lieu d'une surface convexe. L'horizon apparent monte avec nous et se maintient toujours à la hauteur de l'œil.

Que les nuages soient dus à la condensation de l'*humidité relative* de l'air, c'est ce qui paraît résulter de toutes les observations faites sur ce point : des courants ascendants s'exhalent d'une région humide et traversent une certaine zone qui rend visible leur vapeur invisible. Un jour que nous passions en ballon au-dessus de la forêt de Villers-Cotterets, nous avons été fort surpris de voir pendant plus de vingt minutes un petit nuage, qui pouvait avoir 200 mètres

de long sur 150 de large, et qui était suspendu *immobile* à 80 mètres environ au-dessus des arbres. En
approchant, nous en vîmes bientôt cinq ou six plus
petits, disséminés et également immobiles. Cependant l'air marchait en raison de 8 mètres par seconde : quelle ancre invisible retenait ces petits nua-
ges ? En arrivant au-dessus, nous reconnûmes que
le principal était suspendu au-dessus d'une pièce
d'eau, et que les autres marquaient le cours d'un
ruisseau.

Relativement à la formation des brouillards, lorsqu'on arrive en ballon, au lever de l'aurore, sur des
paysages inconnus, on reconnaît facilement les vallées
d'avec les plateaux, selon leurs teintes : tandis que les
plateaux restent noirs, les vallées grisonnent et blan-
chissent. La vapeur d'eau y est visiblement condensée, et l'air y est plus froid que sur les plateaux. C'est
ce que j'ai spécialement vérifié entre autres, le 19 juin
1867, à 3 heures du matin, en descendant dans la vallée de la Touque (Orne). Le thermomètre s'abaissa de
11 degrés à 6 de 400 mètres au niveau du sol ; et le 24
juin, à 4 heures du matin, en descendant dans la
vallée de la Charente, le thermomètre s'abaissa de 16
degrés à 14 de 300 mètres au niveau du sol. Dans
ces deux circonstances il y avait un maximum d'humidité à la surface, sans préjudice du maximum
général signalé précédemment

En résumé, la hauteur moyenne des deux couches principales de nuages est celle que j'ai signalée.
Le maximum d'humidité n'est pas dans leur sein,
mais dans le plan de leur surface inférieure. La température à l'ombre est plus élevée dans les nuages
cumuli qu'au-dessous d'eux. Ces nuages ne sont pas

autre chose qu'un état visible de la vapeur d'eau répandue dans l'air sous forme ordinairement invisible. Ils marchent avec l'air et peuvent redevenir invisible en traversant certaines régions. Leur hauteur varie selon les heures ; c'est vers le milieu du jour qu'elle est la plus élevée.

VI

EXPÉRIENCES DIVERSES.

A. *Transmission du son, intensité, vitesse.* — L'intensité des sons émis à la surface de la terre se propage sans s'éteindre jusqu'à de grandes hauteurs dans l'atmosphère. Pour en citer quelques exemples, le sifflet d'une locomotive s'entend à 3000 mètres de hauteur, le bruit d'un train à 2500 mètres, les aboiements jusqu'à 1800 mètres ; un coup de fusil se perçoit à la même distance ; les cris d'une population se transmettent parfois jusqu'à 1600 mètres, et l'on y discerne également bien le chant du coq et le son d'une cloche. A 1 400 mètres on entend très distinctement le coup de tambour et tous les sons d'un orchestre. A 1 200 mètres, le cahot des voitures sur le pavé est bien perceptible. A 1000 mètres on reconnait l'appel de la voix humaine ; pendant la nuit silencieuse, le cours d'un ruisseau ou d'une rivière un peu rapide produit à cette hauteur l'effet de chutes d'eau retentissantes et sonores. A 900 mètres, le coassement des grenouilles laisse entièrement apprécier son timbre plaintif. Il n'est pas jusqu'aux bruits crépusculaires du grillon champêtre (*cri-cri*) qu'on n'entende très distinctement jusqu'à 800 mètres de hauteur.

Il n'en est pas de même pour les sons dirigés de haut en bas. Tandis que nous entendons une voix qui nous parle à 500 mètres au-dessous de nous, on n'entend pas clairement nos paroles à plus de 200 mètres.

Le jour où j'ai été le plus frappé par cette étonnante transmission des sons suivant la verticale de bas en haut, c'est pendant mon ascension du 23 juin 1867. Plongés dans le sein de nuages depuis quelques minutes, nous étions environnés de ce voile blanc et opaque nous cachant le ciel et la terre, et je remarquais avec étonnement l'accroissement singulier de lumière qui se faisait autour de nous, lorsque tout à coup les sons d'un orchestre mélodieux viennent frapper nos oreilles. Nous entendions le morceau exécuté aussi distinctement et aussi parfaitement que si l'orchestre eût été dans le nuage même, à quelques mètres de nous. Nous étions alors au-dessus d'Antony (Seine-et-Oise). Ayant relaté le fait dans un journal, j'ai reçu avec plaisir quelques jours après une lettre du président de la Société philharmonique de cette ville me rapportant que cette société, réunie dans la cour de la mairie, avait aperçu l'aérostat par une éclaircie et nous avait adressé l'un de ses morceaux nuancés le plus délicatement, dans l'espérance qu'il servirait à mes expériences d'acoustique. En vérité, on ne pouvait être mieux inspiré.

Dans cette circonstance, l'aérostat flottait à 900 mètres du lieu du concert et presque à son zénith. A 1000 mètres, 1200 mètres et même 1400 mètres de distance, nous continuâmes d'apprécier distinctement les parties. Cette observation a été renouvelée en cinq circonstances, et j'ai toujours constaté la permanence de l'intensité des sons, et de *tous* les sons, qui marchent avec la même vitesse et apportent le morceau de musique dans son intégrité.

Les nuages n'opposent aucun obstacle à la transmission du son. Au contraire, *ils sont meilleurs conducteurs que l'air pur.*

Quant à la vitesse, je n'ai pu faire d'expériences qu'à l'aide de l'écho, par un bon chronomètre. Les vitesses moyennes que j'ai obtenues composées de la double marche du son de la nacelle à la terre et de la terre à la nacelle, sont placées entre 333 et 340 mètres.

La meilleure surface pour renvoyer l'écho est celle d'une eau tranquille. Il arrive parfois qu'un lac renvoie distinctement une première moitié de phrase, tandis que la seconde partie est difficilement achevée par la surface irrégulière du terrain de la rive.

B. *Optique.* — *Ombre lumineuse du ballon.* — *Auréole colorée.* — En même temps que le ballon vogue emporté par le courant, son ombre voyage soit sur la campagne, soit sur les nuages. Cette ombre est ordinairement noire, comme toute ombre. Mais il arrive fréquemment aussi qu'elle se détache en clair sur le fond de la campagne et paraît ainsi lumineuse.

En examinant cette ombre à l'aide d'une lunette, on trouve qu'elle se compose d'un noyau foncé et d'une pénombre en forme d'auréole. Cette auréole, souvent très large relativement au diamètre du noyau central, s'éclipse à la simple vue, de sorte que l'ombre tout entière paraît comme une nébuleuse circulaire se projetant en jaune sur le fond vert des bois et des prés. J'ai remarqué qu'en général cette ombre lumineuse est d'autant plus accentuée que l'humidité est plus grande à la surface du sol.

Sur les nuages, cette ombre présente parfois un aspect étrange. Il m'est arrrivé plusieurs fois, en sortant du sein des nues et en arrivant dans le ciel pur, d'apercevoir tout à coup, à 20 ou 30 mètres de moi, un second aérostat parfaitement dessiné se dégageant en gris sur le fond blanc des nuages. Ce phènomène se manifeste au moment où l'on revoit le soleil. On distingue les plus légers détails de l'armature de la nacelle, et nos ombres reproduisent curieusement tous nos gestes.

L'ombre du ballon apparaît parfois environnée de cercles concentriques colorés, dont la nacelle forme le centre. Elle se détache admirablement sur un fond jaune-blanc. Un cercle bleu pâle ceint ce fond et la nacelle en forme d'anneau. Autour de cet anneau s'en dessine un second jaunâtre ; puis une zone rouge-gris, et enfin, comme circonférence extérieure, une légère nuance de violet se fondant insensiblement avec la tonalité grise des nuages.

Ces causes ne sont pas seulement dues à un effet de contraste, et la théorie des auréoles accidentelles n'explique pas entièrement leur production. Il y a là un phénomène d'anthélie produit par *la diffraction de la lumière sur les vésicules des nuages.*

C. *Photométrie.* — *Clarté de l'aurore.* — *Lumière de la Lune et des étoiles.* — A l'époque du solstice d'été, quand l'atmosphère est sereine et la Lune absente, une élévation de 200 mètres, à minuit, hors de la brume inférieure, est suffisante pour observer au nord, nettement dessinée, la clarté du crépuscule.

Lorsque la Lune brille dans sa plénitude, il est

facile de suivre la comparaison de sa lumière avec celle de l'aurore. C'est ce que j'ai fait entre autres pendant la nuit du 18 au 19 juin 1867. Comparant simultanément la lumière de la Lune, qui venait de passer au méridien, avec celle de l'aurore et suivant l'accroissement de celle-ci, j'ai reconnu que les deux clartés se sont égalées à $2^h 45^m$ du matin, 1 heure 13 minutes avant le lever du soleil. A partir de cet instant la lumière de l'aurore alla en augmentant sur celle de la lune.

Ce qui me surprit le plus dans cette expérience, ce fut de reconnaître que la blancheur légendaire de la lumière de la lune n'est blanche que par comparaison à nos lumières artificielles. Elle rougit devant celle de l'aurore comme celle du gaz devant elle.

Une différence remarquable distingue également la lumière de l'aurore de celle de la lune. Lors-même qu'elle n'a pas encore atteint l'intensité de la seconde, la première *pénètre* les objets de la nature, tandis que celle de la Lune *glisse* à leur surface et les estompe vaguement.

Même par le ciel le plus pur, les régions qui avoisinent la terre paraissent d'en haut toujours voilées et troublées par des vapeurs.

La scintillation des étoiles est plus faible dans les hauteurs de l'atmosphère qu'à la surface du sol.

D. *Couleur et transparence du ciel.* — Au-dessus de 3000 mètres de hauteur, le ciel paraît obscur et impénétrable. Sa nuance est un gris-bleu foncé dans les régions qui environnent le zénith ; il est bleu-azur dans la zone élevée de 40 à 50 degrés, bleu pâle et blanchissant en approchant de l'horizon. L'obs-

curité du ciel supérieur est ordinairement propor-
tionnelle à la décroissance de l'humidité. Lorsque
l'atmosphère est très pure, il semble qu'un léger
voile bleu transparent s'interpose audessous de nous,
entre la nacelle et les intenses colorations de la surface terrestre.

E. *Influence apparente de la Lune sur la condensation de la vapeur d'eau.* — Il nous est arrivé assez
sou-vent, vers le milieu de la nuit, nous trouvant au-
dessous de nuées légères, de les voir se fondre insensiblement sous la lumière de la Lune et disparaître tout à fait, comme il arrive sur une échelle
plus vaste pendant le jour, sous l'action du soleil.
Il suffit de passer deux heures, vers l'époque de la
pleine Lune, dans le sein de l'atmosphère, pour
s'apercevoir que certaines nuées légères se dissol-
vent en même temps que la Lune s'élève à une plus
grande hauteur. Est-ce une simple coïncidence ?
Est-ce vraiment l'influence directe de la Lune?

Telles sont les principales séries d'observations
qu'il m'a été possible d'effectuer dans mes douze
voyages aéronautiques. Il en est d'autres qui ne
sont pas assez avancées pour être présentées maintenant ; et je m'arrêterai ici. Tous les résultats que
j'ai esquissés dans ce travail ne doivent pas sans
doute être considérés comme absolus et définitifs ;
mais j'aime à les présenter comme des jalons utiles
à ceux qui se livrent à l'étude de la météorologie, et
j'ai l'espérance qu'un certain nombre de mes constata-
tions pourront servir à la fondation de cette science.

Je ne puis mieux clore ces travaux qu'en émettant
le vœu que ces sortes d'observations et d'études se

multiplient dans notre pays. Le but de la météorologie, dirai-je en interprétant une assertion de Humboldt, doit être « de reconnaître l'unité dans l'immense variété des phénomènes, et de découvrir, par le libre exercice de la pensée et par la combinaison des observations, la constance des phénomènes au milieu de leurs changements apparents ». Le monde atmosphérique est encore voilé pour la science, et c'est par le nombre autant que par la valeur de nos investigations, que nous parviendrons à arracher à la nature quelques-uns de ses secrets.

II

LA DIRECTION DES BALLONS

ET

LA NAVIGATION AÉRIENNE

Le magnifique problème de la navigation aérienne a séduit bien des imaginations et tenté bien des chercheurs, non seulement depuis l'ascension de la première montgolfière, mais dès la plus haute antiquité. Comment, en effet, ne pas envier le sort des heureux habitants de l'air, des aigles, des hirondelles, des héros charmants des bosquets et des bois ? Comment ne pas désirer des ailes qui nous permettraient de voltiger de ville en ville, de montagne en montagne ? Comment ne pas être humilié de la supériorité moqueuse du moindre moineau sur le prétendu roi de la création ? Qu'y a-t-il de surprenant à ce que dans tous les siècles on ait cherché à s'émanciper des chaînes de la lourde matière et à prendre son vol vers les régions azurées de la lumière et de la liberté ?

Pour moi, ce qui me surprend, c'est qu'on ne voyage pas encore à volonté dans les airs ; c'est que l'audacieuse race de Japhet reste encore aujourd'hui clouée si lourdement au sol par le boulet de la pesanteur.

Ce grand et intéressant problème a trois solutions devant lui : 1° La connaisance des *courants* aériens, en choisissant celui qui peut nous porter dans la direction désirée ; 2° celle des oiseaux, en les imitant par la construction de machines motrices *plus lourdes que l'air* ; 3° *la direction des ballons* par un procédé quelconque.

I

De ces trois solutions, j'ai spécialement étudié la première, comme on l'a vu dans les pages qui précèdent. Le lecteur connaît déjà le résultat de ces études. 1° C'est une illusion de croire que l'on trouvera toujours un courant de telle ou telle direction déterminée ; très souvent il n'y a qu'*un seul courant*, depuis la surface du sol jusqu'aux plus grandes hauteurs accessibles au voyageur aérien ; il est donc étrange de lire de temps en temps dans les journaux la note d'un aéronaute annonçant, par exemple, qu'il partira de Paris et qu'il y reviendra ; c'est là une illusion complète ; 2° le régime général du vent en-France est celui du courant aérien sud-ouest, dirigé au nord-est, et qui règne dans les hauteurs de l'atmosphère lors même que des vents de directions contraires soufflent dans le voisinage du sol ; ce courant nous domine pendant plus de la moitié de l'année, et, surtout en été ; on l'apprécie par la marche des nuages et l'on peut compter sur leur indication pour se rendre en Belgique et en Allemagne, car il reste établi pendant des semaines entières consécutives; mais encore cette direction n'est pas absolue, et elle peut changer justement le jour du départ ; 3° on trouve parfois plusieurs courants superposés et dans ce cas on peut choisir ; le courant supérieur est généralement le mieux accusé, le moins variable et le plus rapide ; 4° en descendant dans le voisinage du sol l'aérostat subit souvent dans sa marche des inflexions dues à l'influence des reliefs du paysage et surtout des cours d'eau. Devant ces résultats, la question des *courants à choisir* cesse d'être une solution, et c'est une utopie de continuer à supposer qu'elle satisfera jamais le problème de la direction. On peut, on pourra toujours, se servir agréablement des courants que l'on rencontrera, mais on ne rencontre pas, et on ne rencontrera jamais à volonté une ligne aérienne de Paris à Marseille, une autre de Paris à Bordeaux, une troisième de Paris à Cherbourg ou au Hàvre, etc.

Restent donc, d'une part les appareils plus lourds que l'air, d'autre part la direction des ballons ou appareils plus légers que l'air.

II

Les premiers seraient les plus logiques s'ils n'étaient pas les plus dangereux. Les oiseaux volent : devenons oiseaux et nous volerons ! Mais il ne faut pas se casser l'aile, car tout serait perdu. Dès les temps antiques, une vieille tradition rapporte que Dédale s'attacha des ailes, en compagnie de son fils Icare, pour échapper à la terrible colère de Minos : leurs ailes étaient, dit la légende, soudées par de la cire, et l'imprudent Icare qui s'était élevé trop haut fut atteint par un rayon de soleil, la cire se fondit, et le premier homme volant tomba dans la mer, auprès d'une petite île qui depuis fut nommée Icarie.

Au quatrième siècle avant notre ère, nous rencontrons Archytas de Tarente, ami et contemporain de Platon, qui, si l'on en croit les auteurs grecs, avait construit une colombe de bois volant automatiquement ; mais elle ne se relevait plus si elle venait à tomber. Ce fut là, sans doute, le premier appareil aérien plus lourd que l'air. Cet Archytas passe pour être l'inventeur du cerf-volant.

D'après les Actes des apôtres, un certain Simon le Mécanicien — dit, depuis, le Magicien, — se serait envolé à la hauteur du palais de Néron, en l'an 66 de notre ère. Les premiers chrétiens attribuaient cette puissance à un sortilège du démon, et saint Pierre, homonyme de l'homme volant, se serait mis en prières et aurait obtenu de la bonté divine que ce renégat tombât sur le forum et se brisât le crâne sur les dalles du pavé.

Du haut de la tour de l'hippodrome de Constantinople, au temps de l'empereur Emmanuel Comnène, un Sarrazin eut le même sort que Simon. Ses expériences étaient fondées sur le principe du plan incliné : il descendait suivant une route oblique en se servant de la résistance de l'air. Sa robe fort longue et fort large, dont les pans étaient retroussés avec de l'osier, aurait dû lui servir de point d'appui ; mais l'expérience manqua.

Roger Bacon, au treizième siècle, inaugure une ère plus scientifique. Dans son *Traité de l'admirable puissance de l'art et de la nature,* il émet l'idée que l'on « peut faire des machines pour voler, dans lesquelles l'homme étant assis ou suspendu au centre tournerait quelque manivelle qui mettrait en mouvement des ailes faites pour battre l'air, à l'instar de celles des oiseaux. » Dans ce même traité, il donne la description d'une machine volante avec laquelle celle de Blanchard, que nous retrouverons au dix-huitième siècle, offre certains rapports.

L'homonyme d'un nom illustre à d'autres titres, Jean-Baptiste Dante, mathématicien de Pérouse, à la fin du quinzième siècle, construisit des ailes artificielles qui appliquées au corps de l'homme, lui permettaient de s'élever dans les airs. On rapporte qu'il fit plusieurs fois l'essai de son appareil sur le lac de Trasimène. Ses expériences sur le vol aérien eurent une triste fin. Dans une fête, Dante voulut offrir ce spectacle à la ville de Pérouse, — prélude des ballons qui couronnent aujourd'hui nos fêtes publiques. Il s'éleva très-haut et vola par-dessus la place ; mais le fer avec lequel il dirigeait une de ses ailes s'étant brisé, il tomba sur l'église de Notre-Dame et se cassa la cuisse.

Un accident semblable arriva à un savant bénédictin anglais, Olivier de Malmesbury. Ce chercheur passait pour fort habile dans l'art de prédire l'avenir ; cependant il ne sut point deviner le sort qui l'attendait. Il fabriqua des ailes, d'après la description qu'Ovide nous a laissée de celles de Dédale, les attacha à ses bras et à ses pieds, et s'élança du haut d'une tour. Mais ses ailes le soutinrent à peine l'espace de cent vingt pas ; il tomba au pied de la tour, se cassa les jambes, et ne mena dès lors qu'une vie languissante. — Il se consolait néanmoins de sa disgrâce en affirmant que son entreprise aurait certainement réussi s'il avait eu la précaution de se munir d'une queue.

Avant d'aller plus loin, observons que le dix-septième siècle est l'époque par excellence des voyages imaginaires. L'astronomie venait d'ouvrir avec éclat son monde de merveilles ; une nouvelle vue venait d'être donnée à l'homme, et lui permettait de distinguer la surface de la Lune et des autres terres. C'était comme un immense réveil de la pensée humaine. Notre globe, relégué loin du centre de l'univers au sein duquel il avait trôné jusque-là, n'était plus qu'un atome perdu dans un nombre incalculable d'autres globes. Les révélations du télescope plongeaient les esprits avides dans l'inquiète curiosité de l'inconnu. C'est alors qu'apparaissent ces excursions bizarres de l'imagination dans le ciel, ces *voyages dans la Lune,* et dans les planètes, ces romans scientifiques où quelques connaissances élémentaires sont la base des édifices les plus exagérés [1]. Or, pour voyager dans le ciel, il fallait inventer quelque moyen de transport. Au temps passé, Lucien s'était contenté d'un navire soulevé par une trombe vers la lune levant ; c'était là un moyen trop primitif. L'un des premiers voyageurs Godwin (1638), apprivoise des *gansas* ou cygnes sauvages de l'île Sainte-Hélène, en leur montrant constamment un objet blanc. Une belle nuit, il s'envole du pic de Ténériffe, à cheval sur un bâton traîné par un attelage de ces oies colossales, et au bout de douze jours, il aborde à la Lune. En 1648, Gonzalès opéra la même ascension, porté sur un aigle. Alexandre Dumas, qui a écrit un petit roman sur le même sujet, n'a fait que traduire cette composition. Après Godwin, nous

1. Voyez notre ouvrage *Les Mondes imaginaires et les Mondes réels.*

trouvons Wilkins, auteur d'un ouvrage plus curieux encore que le précédent : *A discourse concerning a new World*, etc., ou ,dans l'édition française de La Montagne : *le Monde dans la lune*. Ce penseur peut être regardé comme le précurseur de Montgolfier et des esprits enthousiastes qui saluèrent sa découverte et l'appliquèrent aux conquêtes astronomiques. Dans un chapitre de son grand ouvrage intitulé : *Qu'il n'est pas impossible que quelqu'un de la postérité puisse descouvrir et inuenter quelque moyen pour nous transporter en ce monde de la Lune : et, s'il y a des habitants d'auoir commerce auec eux*, il expose d'abord des doutes qui font paraître son idée irréalisable. Puis, c'est ainsi qu'il raisonne :

De mesme que tout vaisseau d'airain ou de fer (*comme par exemple vn chavderon*) duquel bien que la substance soit beaucoup plus massiue que non pas celle de l'eau, néanmoins estant plein d'air plus léger, il flottera sur l'eau et n'enfoncera point. De mesme supposez qu'vn vaisseau ou vne escuelle de bois fust posée sur les les bords extérieurs de cet air élémentaire, sa cauité estant pleine de feu, ou plvstost d'air éthéré ; il faudroit nécessairement sur ce mesme fondement ou principe, qu'elle y demeurast flottante, et d'elle-mesme ne pourroit pas tomber en bas, non plus qu'vn nauire vuide covler à fond.

Si on se demande icy quels moyens on se pourroit imaginer pour nous esleuer au delà de la sphère de cette vigueur magnétique de la terre ? Ie réponds :

1. Que peut-estre il n'est pas impossible qu'vn homme puisse estre capable de voler en l'air par l'application de certaines ailes à son corps, ainsi qu'on dépeint les Anges, ou comme on peint Mercure et Dédale, et comme cela a esté attenté et entrepris par diuers personnes, et particulièrement par vn Turc à Constantinople, ainsi que le raconte Rusbequius.

2. S'il y a un si grand oiseau en Madagascar, ainsi que le raconte Paulus Venetus, dot les plumes des ailes sont de douze pas de longueur et qui peut enleuer en l'air vn cheual

et son cheuaucheur, avec autant de facilité que feroit vn de nos milans vne petite souris ; il ne faudroit donc qu'instruire vn de ces oyseaux à porter un homme et l'on pourroit cheuaucher iusque-là sur son dos, comme Ganimede sur vn aigle.

Ou si l'vn ou l'autre de ces moyens-là n'est pas suffisant, si puis-je affirmer sérieusement et sur de très-bons fondemens, qu'il seroit possible de faire un charriot volant dans lequel vn homme pourroit estre assis et luy donner tel mouuement, qu'il pourrait être porté et pourroit passer au trauers de l'air.

Cette machine se pourroit inuenter des mesmes principes, par lesquels Archytas fit voler vu pigeon de bois, et Regiomontanus vn aigle.

Vient ensuite Cyrano de Bergerac, qui édite cinq moyens différents de voyager dans les airs : 1° par des phioles remplies de rosée que le soleil aspire et fait monter ; 2° par un grand oiseau de bois dont les ailes sont mises en mouvement ; 3° par des fusées d'artifice qui partent successivement et élèvent chaque fois le char aérien de leur force de projection ; 4° par un octaèdre de verre chauffé par le soleil, dont la partie inférieure laisse pénétrer l'air froid plus dense qui élève le ballon ; 5° par un char de fer et deux boulets d'aimant que le voyageur lance successivement en l'air, ce qui attirent constamment le char. Ce dernier moyen lui avait été indiqué, disait-il, par un habitant de la lune.

Bien d'autres romanciers ont laissé leur imagination s'égarer dans cette voie, et nous aurions de longs chapitres à écrire, si nous embrassions leurs excursions, depuis l'île volante de Gulliver jusqu'à la découverte australe de Rétif de la Bretonne. Mais il est prudent de ne pas nous aventurer dans ce vol sans issue et de continuer la revue historique des tentatives faites pour s'élever dans les. airs, en signalant les faits dignes de décorer le port de la navigation aérienne.

Suivons notre revue rétrospective. En 1678, un mécanicien de Sablé, dans le Maine, nommé Besnier, inventa une *machine à voler*. Cet instrument consistait en quatre ailes ou grandes pales convenablement inclinées montées à l'extrémité de leviers qui portaient sur les épaules de l'homme, et qu'on faisait mouvoir alternativement au moyen des pieds et des mains. Voici la description qu'en donne, dans le *Journal des Savants*, Paris, 12 septembre 1678, un témoin oculaire :

Les ailes formaient chacune un châssis oblong de taffetas, attaché à chaque bout de deux bâtons, que l'on ajustait sur les épaules ; ces chassis se pliaient du haut en bas comme des battants de volets brisés. Ceux de devant étaient remués par les mains et ceux de derrière par les pieds, en tirant pour chacun une ficelle qui leur était attachée.

L'ordre du mouvement était tel, que quand la main droite faisait baisser l'aile droite de devant, le pied gauche faisait remuer l'aile gauche de derrière, ensuite la main gauche et le pied droit faisait baisser l'aile gauche de devant et la droite de derrière.

L'inventeur commença d'abord par s'élever de dessus un escabeau, ensuite de dessus une table, après d'une fenêtre médiocrement haute, puis d'un second étage, et ensuite d'un grenier, d'où il passa par-dessus les maisons de son voisinage ; et s'exerçant ainsi peu à peu, il mit sa machine dans l'état où elle était alors.

Mais tout ce qu'il put faire, ce fut de s'en servir à ne pas tomber trop vite en se jetant du haut d'un toit.

Sous Louis XIV, un nommé Allard, danseur de corde, annonça qu'il ferait un certain jour, devant lo roi, à Saint-Germain, une expérience de vol. Il devait partir de la terrasse, au bord de la forêt, et se rendre par la voie de l'air jusque dans le bois du Vésinet. On ne possède aucune description de ses ailes, mais tout porte à croire qu'il s'agissait bien moins de voler, c'est-à-dire de voyager dans l'air par le moyen d'un agent mécanique, que d'une simple expérience sur la résistance de l'air, que d'une sorte de plan incliné à l'aide duquel l'opérateur comptait s'abaisser sans danger du haut de la terrasse et traverser la rivière. Il partit ; mais les conditions d'équilibre n'étant pas remplies, il tomba au pied même de la terrasse et se blessa dangereusement.

Léonard de Vinci, le célèbre peintre, s'était occupé de la même question sans la résoudre, malgré son génie universel.

En 1772, l'abbé Desforges, chanoine de Sainte-Croix, à Étampes, annonça l'expérience d'une voiture volante. Des curieux en grand nombre se rendirent à Étampes le jour indiqué ; c'était dans le courant de l'été ; et là on vit en effet le chanoine installé avec sa machine à ailes, sur la tour de Guitel, déjà en ruine à cette époque. La machine était une sorte de nacelle ou gondole longue de 7 pieds et large de 2 1/2 ; les ailes étaient à charnières, fort larges, dit-on ; la gondole pouvait au besoin servir de bateau ; le voyageur et son système pesaient 213 livres. Tout avait été prévu selon le chanoine, et ni l'orage, ni la pluie, ni les vents ne pouvaient l'arrêter ni la culbuter. La machine devait faire 30 lieues à l'heure. Le jour de l'expérience, Desforges entra dans sa nacelle, et le moment du départ venu, il déploya et fit mouvoir ses ailes avec une grande vitesse. « *Mais,* dit un témoin, *plus il les agitait, et plus sa machine semblait presser la terre et vouloir s'identifier avec elle.* »

De temps en temps cependant, on revenait aux ailes : à Paris le marquis de Bacqueville s'envola d'une fenêtre de son hôtel sur le quai, et alla tomber dans la rivière, sur un bateau de blanchisseuses. Tous ces essais furent chansonnés : les vaudevilles et la moquerie poursuivirent les tentatives malheureuses, comme pour décourager l'imagination, cette avant-courière du génie.

En 1782, Blanchard qui devait l'année suivante s'enthousiasmer d'une si noble ardeur pour l'invention de Montgolfier, avait imaginé un vaisseau volant, et son premier soin fut d'appliquer des rames et des ailes au ballon dans l'espérances de pouvoir les diriger. Nous le retrouverons tout à l'heure en parlant des appareils plus légers que l'air.

Sous l'empire, vers la fin de 1809, le bruit se répandit qu'un horloger allemand, nommé Deghen, venait de s'enlever comme un oiseau dans les airs au moyen d'ailes fixées à son corps. Deghen annonça bientôt qu'il allait venir à Paris, offrir le spectacle de son expérience. Il l'exécuta, en effet, le 5 octobre 1812, au Champ-de-Mars, devant une foule considérable : l'inventeur était muni d'ailes attachées à ses épaules ; il s'était en outre suspendu à un petit ballon qui devait le maintenir dans l'espace, mais tous ses efforts n'aboutirent qu'à le traîner piteusement dans le sable du champ de Mars, et le document qui nous reste de cette entreprise est une caricature assez cruelle le représentant accablé sous les coups et les quolibets de spectateurs, tandis que des canards voltigent autour du ballon. Le titre de cette caricature est assez éloquent : « Nouvelle charrue, sans brevet d'invention, propre à labourer la terre sans chevaux, inventée par M. Deghen, célèbre mécanicien allemand. »

Plus récemment encore, nous pouvons signaler deux essais de vol aérien qui ont été plus funestes encore à leurs inventeurs. En 1854, Leturr fut précipité sur le sol en se séparant d'un ballon avec un système de parachute muni de rames qu'il avait espéré pouvoir manœuvrer. En 1874, De Groof trouva la même mort en se détachant d'un ballon qui l'avait enlevé, et d'où il prétendait s'envoler sur un châssis muni de deux ailes.

L'homme ne pourra jamais voler par sa propre force musculaire. Pour y parvenir, il lui faudrait s'adapter des ailes qui, tout en étant à la fois très solides et très légères, mesurassent encore une énorme envergure. Ces ailes devraient offrir une surface suffisante pour former parachute dans le cas d'une descente forcée ou même volontaire, si cette descente devait venir d'un point élevé et être voisine de la verticale. Elles devraient s'étendre en pointes sur les parties latérales du corps jusqu'aux chevilles extérieures et avoir pour moteurs les bras, à l'extrémité desquels seraient leur étendue maximum. Il faudrait de plus que l'axe du corps fut lesté de façon à garder la position de l'horizontale ou à y revenir toujours. Ces dispositions étant prises, et l'homme ailé pesant, je suppose, 120 kilogrammes tout compris, il lui faudrait être doué d'une force énorme pour s'ouvrir un chemin dans l'air par la nervure antérieure de ses ailes ; il serait nécessaire que, par un mouvement de haut en bas, l'appareil du vol pût contrebalancer la pesanteur et dépasser cette force d'une quantité quelconque. S'il parvenait à produire des mouvement alternatifs très rapides dans ce sens, il obtiendrait le résultat désiré, attendu qu'un corps qui tombe parcourt 4 m. 90 pendant la première seconde de chute, mais en un mouvement uniformément accéléré de sorte que, dans le premier quart de la seconde il ne tombe que 30 centimètres seulement. Si donc l'homme volant avait la force de donner quatre coups d'aile par seconde, capables de l'élever de plus de 30 centimètres, il aurait la faculté de voler. Mais c'est impossible : le calcul prouve qu'il lui faudrait pour cela une force de deux chevaux.

Si la nature a refusé à l'homme la puissance de se soulever et de se maintenir dans les airs par sa seule force musculaire, la science mettra un jour entre ses mains une force supérieure à la sienne et qui le conduira au même résultat. Déjà plusieurs chercheurs ingénieux, ont réalisé le problème de l'*aviation* pour des insectes artificiels et des oiseaux mécaniques : M. Marey et M. Pénaud méritent d'être cités en première ligne dans ces importantes recherches. Ces insectes, ces oiseaux, ces petits appareils plus lourds que l'air s'élèvent au-dessus du sol, volent pendant plusieurs secondes, et retombent après avoir décrit une trajectoire plus ou moins élevée. Dans l'état actuel de la science, il est encore impossible de construire un appareil analogue capable d'emporter avec sécurité un homme dans l'atmosphère ; mais il n'y aurait rien de surprenant à ce qu'on y parvînt d'ici un demi-siècle. L'électricité paraît appelée à trouver ici l'une de ses applications les plus ingénieuses.

III

Puisque, d'une part nous ne pouvons pas être sûrs des courants aériens, et que d'autre part le vol mécanique est encore impossible, il ne nous reste plus à envisager ici que la question de la direction des ballons eux-mêmes, c'est-à-dire la navigation aérienne par des aérostats dirigeables.

Dès l'origine de l'aérostation, Blanchard, qui avant l'invention de Montgolfier avait construit une espèce de vaisseau volant auquel la navigation atmosphérique eût été du reste complètement interdite, essaya d'appliquer au ballon les rames et le mécanisme de son bateau volant. Joseph Montgolfier s'est occupé lui-même de la direction pour conclure à son impossibilité. « De grâce, mon bon ami, écrit-il à son frère Étienne, réfléchis, calcule bien : si tu emploies des rames, il te les faudra faire grandes ou petites ; si elles sont grandes elles seront lourdes ; si elles sont petites, il faudra les faire mouvoir avec d'autant plus de rapidité. Faisons compte sur un globe de 100 pieds de diamètre... » Et calcul fait, il arrive à conclure que la puissance de trente hommes employés à faire des efforts qu'ils ne soutiendraient pas cinquante minutes sans se reposer, ne suffirait pas à faire deux petites lieues à l'heure. « Je ne vois moyen efficace de direction, poursuit Montgolfier, que dans la connaissance des différents courants d'air dont il faudrait faire une étude ; il est rare qu'ils ne varient suivant les hauteurs. » Nous venons de voir qu'il n'y faut pas compter.

Le 2 mars 1784, Blanchard s'éleva au Champ-de-Mars dans un ballon muni d'un gouvernail et alla descendre au bout de cinq quarts d'heure à Billancourt en s'imaginant s'être servi de son gouvernail pour s'écarter de la Seine. Il suffit de lire sa propre relation pour être convaincu que les variations qu'il a remarquées dans la marche de son aérostat ont été uniquement dues à la variation des courants eux-mêmes.

Le 25 avril 1784, à Dijon, Guyton de Morveau s'éleva, accompagné d'un ami, dans un aérostat prétendu dirigeable. A l'équateur du ballon étaient disposés quatre rames, deux voiles et un gouvernail communiquant à la nacelle par des cordes ; la nacelle était également munie de rames. La moitié des appareils furent brisés au départ, mais les voyageurs aériens assurèrent s'être servis efficacement du reste pour obtenir une direction déterminée. Le 12 juin suivant, ils recommencèrent l'expérience et manœuvrèrent au-dessus de la ville de Dijon avec la conviction que le gouvernail déplaçait l'arrière et portait le cap dans la direction voulue, et que d'autre part, le jeu des rames faisait avancer le ballon dans l'air. Il n'y a là, non plus, aucune preuve positive de la direction. Le gouvernail peut avoir fait pivoter le ballon sur lui-même, comme il m'est arrivé plusieurs fois à moi-même d'en faire l'expérience ; mais cette rotation du ballon ne change en rien la direction de sa marche dans le courant qui l'emporte. Quant aux rames, leur jeu a été certainement inutile, les expérimentateurs ont été, comme Blanchard, dupes de la variation des courants rencontrés par leur maison flottante.

Ces premières tentatives datent, comme on le voit, de l'origine même de l'aérostation. Elles ont été renouvelées plusieurs fois pendant la première moitié de notre siècle, sans aucun succès réel. Il faut arriver jusqu'en 1852 pour rencontrer la première expérience vraiment scientifique de navigation aérienne. Le 24 septembre de cette année-là, M. Henri Giffard le futur inventeur de l'injecteur qui porte aujourd'hui son nom, s'éleva dans un aérostat allongé mesurant 42 mètres de longueur, 12 mètres de diamètre et 2400 mètres cubes de capacité. La nacelle portait une *machine à vapeur* à foyer renversé. Celle-ci faisait mouvoir une hélice à trois palettes, de 3 mètres de diamètre et pouvant faire 110 tours par minute ; la force développée pour cette marche était de 3 chevaux, ce qui représentait celle de 20 à 30 hommes. M. Giffard réussit à faire tourner son navire sous le jeu de son gouvernail et à dévier sensiblement de la ligne du vent ; la vitesse du transport a été de 2 à 3 mètres par seconde. Si l'air avait été calme, l'inventeur aurait pu revenir à son point de départ ; mais la vitesse du vent était de beaucoup supérieure à la puissance de la machine, et le navire aérien ne put que louvoyer. Néanmoins, à dater de ce jour, on peut dire que la direction des ballons était trouvée.

Au lieu de construire un ballon de deux ou trois mille mètres cubes, qu'on en construise un de vingt ou trente mille : sa force ascensionnelle permettra d'emporter un moteur puissant capable d'imprimer au navire une vitesse de dix à quinze mètres, et par conséquent de remonter les courants d'intensité moyenne. Le principe est trouvé, il n'y a ici qu'une affaire de capitaux, et si l'on peut s'étonner d'une chose, c'est que le savant inventeur, dont la fortune est si considérable et dont les goûts scientifiques sont si universellement connus, n'ait pas voulu, depuis bientôt trente ans qu'il a réalisé sa première expérience, immortaliser son nom par la construction de navires aériens dirigeables. M. Giffard, en effet, a renouvelé en 1855 son essai de direction ; la première fois, il était parti seul, et cette fois-ci il avait un compagnon, M. Gabriel Yon. Les résultats furent, malgré la vitesse du vent, plus affirmatifs encore que ceux de sa première expérience. Il est donc tout à fait inexplicable que le savant inventeur en soit resté là. Il ne l'est pas moins que le gouvernement français, acceptant pendant le siège de Paris la proposition de M. Dupuy de Lôme, de construire un ballon dirigeable, ait fait faire à grands frais un aérostat inférieur à celui que M. Giffard avait construit dix-huit ans auparavant, mû non plus par une machine à vapeur, mais par un lourd équipage de quatorze hommes !

Ajoutons enfin qu'au moment où nous écrivons ces lignes, M. Gabriel Yon vient de publier le devis d'un aérostat dirigeable, de soixante mille mètres cubes, mesurant cent cinquante mètres de longueur sur trente de largeur, capable de naviguer avec une vitesse de 50 à 60 kilomètres à l'heure.

Les calculs sont exacts, et cette expérience définitive et capitale serait réalisée pour quelques centaines de mille francs. Il est étrange, il est inexplicable qu'on en reste là.

LES VICTIMES DE L'AÉROSTATION

Il est difficile de nous quitter, mes chers lecteurs, après avoir partagé les émotions de ces voyages aériens, sans donner un souvenir de sympathie et de regrets à ceux qui sont morts sur la route et qui ont déjà marqué par trop de désastres le champ de bataille de la navigation aérienne. Sans doute, nous ne connaissons pas toutes les victimes, car les ascensions aéronautiques ont eu lieu dans les divers pays du monde, en Amérique comme en Europe, et souvent pour des raisons bien futiles, comme accompagnement de fêtes publiques ; sans doute aussi ces victimes ne sont pas égales en valeur, car, tandis que les unes se sont sacrifiées au service de la science et du progrès, d'autres n'ont trouvé qu'une mort vulgaire et inutile. Mais dans le deuil, les petits et les grands se donnent la main, et notre sentiment associe ici tous ces héros, obscurs ou glorieux, dans le même regret, dans le même souvenir.

I. — Le martyrologe de la navigation aérienne s'ouvre, hélas ! par la mort du premier voyageur aérien lui-même, Pilâtre de Rozier. Après la traversée de la Manche, d'Angleterre en France, par Blanchard, le jeune Pilâtre, qui le premier avait osé affronter le vide des airs, résolut d'entreprendre la traversée contraire ; voyage plus difficile, car il n'est pas servi par les mêmes courants.

On essaya vainement de faire comprendre à Pilâtre les périls auxquels cette entreprise allait l'exposer. Il assurait avoir trouvé une nouvelle disposition des aérostats qui réunissait toutes les conditions de sécurité nécessaires et permettait de se soutenir dans l'air un temps considérable. Il sollicita et obtint du gouvernement une somme de quarante mille livres pour construire sa machine. On apprit alors quelle était la combinaison qu'il avait imaginée. Il réunissait en un système unique les deux moyens dont on avait fait usage jusqu'alors : au-dessous d'un aérostat à gaz hydrogène, il suspendait une montgolfière. Il est assez difficile de bien apprécier les motifs qui le portèrent à adopter cette disposition, car il faisait sur ce point un certain mystère de ses idées. Il est probable que, par l'addition d'une montgolfière, il voulait s'affranchir de la nécessité de jeter du lest pour s'élever et de perdre du gaz pour descendre. Le feu activé ou ralenti devait fournir une force ascensionnelle supplémentaire.

Ce système mixte, qui devait, selon le jeune aéronaute, faciliter l'ascension et la descente, a été justement blâmé. *C'était mettre le feu à côté de la poudre,* disait Charles à Pilâtre ; mais celui-ci n'écoutait rien que son intrépidité et l'incroyable exaltation scientifique dont il avait déjà donné tant de preuves ; il était aussi pressé par la cour, qui lui avait fourni la somme nécessaire pour construire son aérostat, et par son désir de rivaliser avec Blanchard, qui, favorisé par les vents, eut le premier l'honneur de traverser la Manche, le 7 janvier 1785.

Le 15 juin 1785, à sept heures du matin, Pilâtre de Rozier monte dans la nacelle, accompagné de Romain, l'un des constructeurs de l'aérostat, lequel avait demandé comme récompense de ses services de partager les dangers de l'entreprise.

L'Aéro-Montgolfière s'élève lentement, imposante dit un récit du temps; deux coups de canon retentissent, les aéronautes saluent, une foule considérable leur répond par des cris de joie. Ils s'avancent ; bientôt ils se trouvent sur la mer. Chacun, les yeux fixés sur le fragile aérostat, l'observe avec crainte. Ils étaient environ à cinq quarts de lieue en avant, au-dessus du détroit, à 700 pieds à peu près de hauteur, lorsqu'un vent d'ouest les ramène sur terre ; déjà depuis vingt-sept minutes ils étaient dans les airs.

A ce moment on crut s'apercevoir de quelques mouvements d'alarme de la part des voyageurs. — On croit voir qu'ils abaissent précipitamment leur réchaud... Tout à coup une flamme violette paraît au haut de l'aérostat ; l'enveloppe du globe se replie sur la montgolfière et les malheureux voyageurs, précipités des nues, tombent sur la terre, presque en face la tour de Croy, à cinq quarts de lieue de Boulogne et à trois cents pas des bords de la mer.

L'infortuné de Rosier fut trouvé dans la galerie, le corps fracassé, les os brisés de toutes parts. Son compagnon respirait encore, mais il ne put proférer un seul mot, et quelques minutes après il expira. »

Ce furent là les deux premières victimes de la navigation aérienne.

II. La seconde catastrophe est celle de l'aéronaute Olivari, qui périt à Orléans le 25 novembre 1802. Il s'était enlevé dans une mongolfière en papier soutenu de quelques bandes de toile seulement. Sa nacelle, en osier, suspendue au-dessous du réchaud et lestée de matières combustibles destinées à entretenir le feu, devint, à une grande élévation, la proie des flammes. L'aéronaute, privé de ce seul soutien, tomba à une lieue de son point de départ et fut précipité sur le sol.

Les annales de l'aérostation, ne nous ont guère conservé de péripéties plus émouvantes que celles dont fut victime le comte Zambeccari, surtout dans son voyage du 7 octobre 1804, qui se termina dans les flots de la mer Adriatique.

III. — L'histoire de Zambeccari est tout un drame en action. Après avoir été pris par les Turcs et jeté dans le fond du bagne de Constantinople, il se livre avec passion à des essais de navigation aérienne. Il imagine de se servir d'une lampe à esprit de vin, dont il activait à volonté la flamme, dans l'espérance de diriger à volonté l'aérostat. Un jour sa montgolfière se heurte contre un arbre, et l'esprit-de-vin enflamme ses vêtements ; l'aéronaute couvert de flammes ne sert qu'à augmenter la force ascensionnelle, et les spectateurs effrayés, au nombre desquels se trouvent sa jeune femme et ses enfants, le voient emporté dans les nuages et disparaître. Cette fois, il réussit à éteindre le feu dont il était enveloppé.

Le 7 octobre 1804, après une pluie de quarante-huit heures qui avait ajourné l'ascension annoncée, il prit la résolution héroïque de partir quand même, envers et contre toutes les forces de résistance qui semblaient dominer son existence.

Hélas ! la nuit survint que le ballon , dont le gonflement avait commencé à une heure, s'élevait à peine de terre. Exténué de fatigues, le deuil dans l'âme, à jeun depuis vingt quatre heures, il parvint à minuit seulement à pouvoir s'élever, sans autre espoir d'ailleurs que la persuasion de ne pouvoir aller bien loin.

Deux compagnons, Andréoli et Grassetti, partaient avec lui. Ils s'élevèrent d'abord lentement, et planèrent sur la ville de Bologne. Soudain les voilà emportés ave une rapidité inconcevable. Mais écoutons Zambeccari lui-même racontant cet étrange voyage :

La lampe qui était destinée à augmenter la force ascendante nous devint inutile. Nous ne pouvions observer l'état du baromètre qu'à la faible lueur d'une lanterne, et très imparfaitement. Le froid insupportable qui régnait dans la région élevée où nous nous trouvions, l'épuisement où m'avait mis le défaut de nourriture depuis plus de vingt-quatre heures, le chagrin qui accablait mon âme, tout cela réuni, m'occasionna une défaillance totale, et je tombai sur le bas de la galerie dans une espèce de sommeil semblable à la mort. Il en arriva autant à mon compagnon Grassetti. Andréoli fut le seul qui resta éveillé et bien portant ; sans doute parce qu'il avait l'estomac bien garni et qu'il avait bu du rhum en abondance. A la vérité il souffrait aussi beaucoup du froid, qui était excessif. Il fit pendant longtemps de vains efforts pour me réveiller. Enfin, il réussit à me remettre sur pied, mais nos idées étaient confuses : je lui demandai, comme si je fusse sorti d'un rêve : « Qu'y a-t-il de nouveau ? où allons-nous ? quelle heure est-il ? d'où vient le vent ? »

Il était deux heures. Nous descendîmes lentement à travers une couche épaisse de nuages blanchâtres ; et lorsque nous fûmes au-dessous, Andréoli entendit un bruit sourd et presque imperceptible, qu'il reconnut bientôt pour être le mugissement des vagues dans le lointain. J'écoutai et ne tardai pas à me convaincre qu'il avait dit la vérité. Il était indispensable d'avoir de la lumière pour examiner, par l'état du baromètre, à quelle hauteur nous nous trouvions, et pour prendre nos mesures en conséquence. A force de secouer Grassetti, nous parvînmes à le réveiller un peu. Andréoli brisa cinq mèches phosphoriques sans qu'une seule prît feu. Cependant nous réussîmes, avec infiniment de peine et à l'aide du briquet, à rallumer la lanterne. Il était trois heures du matin. Le bruit des vagues qui se brisaient l'une contre l'autre se faisait entendre de plus en plus, et je reconnus bientôt la surface de la mer violemment agitée. Je me saisis bien vîte d'un gros sac de lest ; mais au moment où j'allais le jeter, la nacelle s'enfonçait déjà, et nous nous trouvâmes tous dans l'eau. Dans le premier moment d'effroi, nous jetâmes loin de nous tout ce qui pouvait nous alléger, notre lest, tous les instruments, une partie de nos vêtements, notre argent et jusqu'aux rames, et à notre lampe ; le globe, ainsi délesté, remonta tout d'un coup, mais avec une telle rapidité, et à une si prodigieuse élévation, que nous avions de la peine à nous entendre, même en criant ; je me trouvai mal, il me prit un vomissement considérable. Grasselti saigna du nez : nous avions tous deux la respiration courte et la poitrine oppressée. Comme nous étions trempés jusqu'aux os, au moment où la machine nous avait transportés dans ces hautes régions, le froid nous saisit rapidement, et nous fûmes couverts en un instant d'une couche de glace.

Après avoir parcouru pendant une demi-heure ces régions immenses, et avoir été portés à une hauteur incommensurable, la machine recommença à descendre lentement, et nous retombâmes encore une fois dans la mer ; il était environ quatre heures du matin : nous avions la moitié du corps dans l'eau, et souvent nous étions entièrement couverts par les vagues. Le ballon dégonflé donnait prise au vent, qui, s'y engouffrant comme dans une voile, nous traîna pendant plusieurs heures au gré des flots agités. Au point du jour, nous nous orientâmes, et nous nous trouvâmes vis-à-vis Pesaro, à 4 milles environ de la côte. Nous nous flattions d'y aborder, lorsqu'un vent de terre nous repoussa avec violence vers la pleine mer. Il était grand jour, et nous ne voyions autour de nous que l'eau, le ciel et une mort inévitable. A la vérité notre bonne étoile nous envoya bien quelques bâtiments ; mais du plus loin qu'ils apercevaient cette machine flottante, ils étaient saisis d'épouvante et faisaient force de voiles pour s'éloigner de nous. Nous n'avions donc plus d'autre espoir que d'aborder les côtes de Dalmatie, qui étaient encore loin. — Hélas ? cette espérance était très faible, et nous aurions été indubitablement engloutis par les vagues, si le ciel n'eût dirigé vers nous un navigateur qui, plus instruit sans doute que ceux qui nous avaient fuis, reconnut notre machine pour un ballon, et nous envoya bien vite sa chaloupe.

Ses matelots nous jetèrent un gros câble, que nous attachâmes à la galerie, et au moyen duquel on nous hissa, exténués et mourants. Le ballon, ainsi allégé, ne tarda pas encore à s'élever dans les airs, malgré tous les efforts des mariniers qui voulaient l'attirer à eux. La chaloupe était fortement secouée ; le danger devenait imminent, et les matelots se hâtèrent de couper la corde. Aussitôt le globe monta avec une rapidité incroyable et se perdit dans les nuages, où il disparut à notre vue. Il était huit heures du matin quand nous arrivâmes à bord du vaisseau. Grassetti était comme mort : à peine donnait-il encore quelques signes de vie. Il avait les mains mutilées ; le froid, la faim et ces angoisses horribles m'avaient totalement épuisé. Le brave marin qui commandait ce navire fit tout ce qui dépendit de lui pour nous restaurer. Il nous conduisit au port de Ferrada, d'où l'on nous transporta à Pola, où nous fûmes accueillis de la manière la plus affectueuse et où un habile chirurgien fit l'amputation de mes doigts. »

Le 21 septembre 1812, le ballon de cet infortuné et stoïque aéronaute fut incendié au milieu des airs, non loin de Bologne, par le contact de l'appareil de dilatation, avec le feu qu'il avait emporté. On trouva à terre une machine brisée et consumée, un corps humain à demi carbonisé : c'était tout ce qui restait de Zambeccari et de sa fortune.

IV. — Le 7 avril 1806, la ville de Lille est témoin à son tour, de la mort de Mosment. Le ballon était en soie, gonflé par le gaz hydrogène. Cet aéronaute avait coutume de s'élever debout, les pieds sur un plateau très léger qui lui tenait lieu de nacelle ! Dix minutes après son départ, il lança dans l'air un parachute avec un quadrupède. On suppose qu'alors les oscillations du ballon ainsi délesté furent la cause de la chute de l'aéronaute. Quelques personnes prétendirent à cette époque que Mosment avait annoncé d'avance l'événement, et que ce n'était de sa part qu'une imprudence calculée. Quoi qu'il en soit, le ballon continua seul sa route, et l'aéronaute fut retrouvé à moitié enseveli dans le sable dans les fossés qui bordent la ville.

V. — Après avoir fait un grand nombre d'ascensions heureuses en montgolfières, l'aréonaute allemand Bittorff trouva la mort à Manheim, le 17 juillet 1812. Son ballon était *en papier*, de 16 mètres de diamètre sur 20 de hauteur ; il s'enflamma dans l'air, et l'imprudent ascensionniste fut précipité sur les dernières maisons de la ville. Sa chute fut mortelle.

VI. — Madame Blanchard avait substitué des pièces d'artifice aux verres de couleurs de Garnerin. Au moment du départ, on suspendait au-dessous de la nacelle, par un fil de fer de dix mètres de longueur un cercle en bois d'un grand diamètre autour duquel étaient fixées les pièces d'artifice. Cette espèce d'auréole ou d'étoile était composée de pièces placées de manière à produire leur effet en contre-bas ; elles étaient mêlées de flammes de Bengale et de feux de couleur ; c'était sans doute là un fort beau spectacle, mais il serait prudent de le réserver aux ballons perdus. — Le 6 juillet 1819, il y avait grande fête au Tivoli de la rue Saint-Lazare, sur l'emplacement actuel de la gare de l'Ouest. Une foule considérable entourait le ballon. Après quelques détonations annonçant le départ, l'enceinte se trouve subitement illuminée de flammes de Bengale ; l'aéronaute monte dans sa nacelle aux sons d'une musique éclatante et aux acclamations d'un public enthousiaste, impressionné par ce spectacle féerique. Le ballon s'élève avec lenteur et majesté, entraînant l'immense étoile, à laquelle on met le feu. — Quelques secondes s'écoulent ; les flammes de Bengale éclairent seules l'intrépide voyageuse, puis des flammes semblables s'allument d'elles-mêmes autour de la couronne qu'elle emporte dans l'air ; — il tombe du ballon une pluie d'or et des milliers d'étincelles.

Tout à coup, une lueur inattendue se révèle, non pas au-dessous du ballon, là où devait se trouver la couronne éteinte, mais dans la nacelle même ; puis on voit assez distinctement, malgré la grande élévation à laquelle elle est parvenue en ce moment, l'aéronaute s'agiter ; la lueur grandit, puis disparaît subitement, reparaît encore, et se montre enfin au sommet du ballon, sous la forme d'un immense jet de gaz de plus de 1 mètre de hauteur. Le gaz dont était rempli le ballon venait de s'enflammer !

Madame Blanchard, très petite de taille, fort légère, avait l'habitude de se servir d'un petit ballon et de le remplir de gaz jusqu'à la gorge. Ce gaz hydrogène fusait et établissait une longue traînée sur la ligne parcourue par le ballon : une véritable traînée de poudre qui aurait dû prendre feu bien des fois. Mais le jour de sa fatale et dernière expérience, ce fut elle-même qui mit le feu de sa propre main. Au moment où, elle prit la lance d'artifice, sorte de mèche qu'elle avait emportée tout allumée, elle la fit passer à travers la traînée de gaz, qui dut aussitôt s'enflammer : on vit alors la courageuse aéronaute s'agiter pour comprimer l'appen-

dice du ballon ; mais presque aussitôt une colonne
de feu se fit voir au sommet, et madame Blanchard,
cessant alors des efforts superflus, fut distinctement
aperçue assise dans sa nacelle, cherchant à voir le
lieu où allait s'abaisser son ballon.

La combustion du gaz hydrogène dura plusieurs
minutes, et le ballon, s'amoindrissant de plus en
plus, descendait toujours. Il tomba sur le toit d'une
maison. Au moment du choc, qui n'a pas été très
brusque puisque de minces chevrons de bois n'ont
pas été enfoncés, on entendit Mme Blanchard crier :
A moi! Ce furent ses dernières paroles. La fatalité
voulut que la nacelle, en glissant sur le toit, rencon-
trât un de ces crampons de fer comme on en met pour
le service des couvreurs : elle s'arrêta dans sa marche, et l'infortunée aéronaute, surprise par cette secousse, fut précipitée la tête la première sur le pavé
de la rue.

Quand on arriva près d'elle, on la trouva morte. Il
n'existait sur elle aucune trace de brûlure. On voyait
la nacelle encore bien accrochée au toit, et le ballon,
entièrement vide, pendant du haut du toit dans la
rue.

VII. — Tout Paris fut pour ainsi dire témoin de
cette catastrophe. Elle devait être suivie de bien
d'autres, moins retentissantes, mais tout aussi dé-
plorables. Harris, ancien officier de la marine an-
glaise, conservait toujours cette ardeur de courage
qui entraîne l'homme à combattre les éléments.
Plusieurs ascensions heureuses lui avaient donné
l'idée de construire lui-même un ballon, auquel il
avait fait ce qu'il appelait des améliorations. Dans

une de ses ascensions, au mois de mai 1824, il ouvrit toute grande une soupape qui était disproportionnée et qui avait, en outre, l'inconvénient de ne pouvoir se refermer complètement. La déperdition du gaz se fit trop promptement, et le ballon tomba si rapidement, que l'aéronaute fut fracassé. Remarque assez curieuse, une jeune dame qui l'accompagnait ne fut que légèrement blessée.

VIII.—Sadler, célèbre aéronaute anglais, qui avait déjà fait un grand nombre de voyages aériens, et qui, dans une de ses expéditions, avait franchi le canal d'Irlande entre Dublin et Holyhead (où il est large de 50 kilomètres) périt près de Bolton, en Angleterre, d'une manière déplorable, le 29 septembre 1824. Privé de lest, par suite d'un trop long séjour dans l'atmosphère, et forcé de descendre, très tard, sur des constructions élevées, la violence du vent le fit heurter contre une cheminée, d'où il fut précipité à terre, hors de la nacelle. La prudence et le savoir de l'aéronaute ne peuvent être révoqués en doute. Sadler avait fait ses preuves dans près de soixante ascensions. Des circonstances fâcheuses, bien difficiles à prévoir, ont seules causé sa perte. C'est ici un véritable naufrage aérien ; un navigateur qui se brise sur des rochers et vient échouer au port par une nuit d'orage.

IX. — Cocking était monté deux fois, comme simple amateur, dans le ballon de Green. Il avait une idée fixe, celle de faire du nouveau, et notamment de tenter une descente en parachute avec un instrument de son invention auquel il avait apporté de prétendus perfectionnements. Il y avait dans son projet plus que de l'absurdité. Au lieu de prendre un parachute en forme de surface concave, s'appuyant sur une colonne d'air, et la refoulant, il se suspendait à un cône renversé, sorte de vis aérienne, de tarière, qui, au lieu de ralentir la descente du corps pesant, devait en précipiter la chute ! C'est ce qui eut lieu en effet. Et malheureusement, comme nous l'avons dit, Green participa à cette expérience. Au-dessous de sa nacelle, dans une ascension publique faite à Londres, les 27 septembre 1836, il suspendit le déplorable appareil auquel Cocking tenait par un fil ; puis, à une hauteur de plus de mille mètres, l'aéronaute se sépara de son compagnon.

La descente fut vertigineuse. En moins d'une minute le malheureux aéronaute fut précipité à terre, d'où on le releva absolument broyé.

X. — La nécrologie de l'aérostation nous montre, en 1845, l'aéronaute Comaschi s'élevant en ballon de Constantinople aux yeux d'une foule qui l'acclame. Il disparaît pour toujours : nul n'a jamais su ce qu'il était devenu.

XI. — Ledet s'envole de même en ballon de Saint-Pétersbourg en 1847, et n'est jamais revenu.

XII. — Gale s'élève à Bordeaux, le 8 septembre 1850, dans une ascension équestre. Il descend à Cestas à 7 heures du soir. Des paysans délestent le ballon du poids du cheval ; l'aérostat repart avec une vitesse vertigineuse et l'aéronaute, asphyxié par l'hydrogène, est retrouvé le lendemain à 11 heures du matin à la Croix de Hynx, dans les Landes.

XIII. — La même année, Arban accomplit en Espagne sa dernière ascension, et s'en va, emporté par le vent des naufrages, retomber dans les neiges des Pyrénées ou dans la mer : on ne l'a jamais revu.

XIV. — Le 15 septembre 1851, Tardini part de Copenhague, accompagné de sa femme et de son fils. Il descend dans l'île de Seeland, repart seul, et n'est jamais revenu.

XV. — Quelques jours plus tard, le 24 septembre, Merle fait une ascension à Châlons-sur-Marne, et meurt asphyxié par le gaz. Son aide, bossu de petite taille, n'avait pas souffert.

XVI. — Le 4 juin 1852, l'aéronaute anglais Gouston tombe mort près de Manchester. Même cause sans doute : on suspendait alors la nacelle beaucoup trop près de l'orifice inférieur du ballon.

XVII. — Le 19 juillet 1853, Emma Verdier monte en montgolfière à Montesquiou, près de Mont-de-Marsan. A la descente, une secousse la jette hors de la nacelle. On la trouva morte. La pauvre fille s'était vêtue de blanc comme pour une fête nuptiale.

XVIII. — Le 27 septembre 1853, Émile Deschamps trouve la mort dans une ascension à Nîmes.

XIX. — A la même époque Piana s'élève à Rome : force ascensionnelle mal calculée ; asphyxie dans les airs ; trouvé, à la descente, inanimé dans la nacelle.

XX. — Leturr, dont nous avons déjà parlé plus haut, s'élance d'un ballon dans un système de parachute muni de rames. Le parachute tombe au lieu de descendre et l'aéronaute se fracasse sur les arbres. 27 juin 1854.

XXI. — En 1858 l'aéronaute américain Thurston, accomplissant sa 37e ascension dans le Michigan, est trouvé mort à la descente.

XXII. — La même année à Newcastle, Hall est trouvé mort dans son ballon parti de Londres.

XXIII. — Chambers est emporté avec vitesse, le 28 août 1863, dans une ascension à Londres. Le gaz l'asphyxie. Il retombe, mort, près de Nottingham. On voit que cette cause de mort a été beaucoup plus fréquente qu'on ne serait tout d'abord porté à le croire.

XXIV. — Le 24 mai 1869, à Buénos-Ayres, singulier accident. L'aéronaute Baraille s'élève du centre de la place, plane au-dessus de la ville, et descend en rade. Un grand nombre de canots et un petit steamer accourent pour l'empêcher de se noyer. La cheminée du steamer met le feu au gaz, et une explosion formidable fait sauter à la fois le ballon et le steamer. L'équipage et tous les canotiers ont été lancés dans l'espace. Huit morts ; vingt-cinq blessés.

XXV. — Lors du mémorable siège de Paris (septembre 1870-février 1871), les organisateurs de la poste aérienne avaient eu la malheureuse idée de faire partir les ballons à 11 heures du soir, pour éviter l'observation du départ par l'ennemi. On eût obtenu le même résultat en partant, dans cette saison, à quatre heures du matin. S'élancer dans les airs au milieu de la nuit, c'était s'exposer à arriver avant le jour sur la mer ; cette inconcevable organisation coûta la vie à deux aéronautes et elle aurait pu en perdre beaucoup d'autres. — Le 30 novembre, le matelot Prince partit de la gare d'Orléans (devenue gare aérienne). C'était par une nuit sans lune et sous un vent violent. L'aérostat fut chassé rapidement vers l'occident. A l'aurore, des pêcheurs virent le globe diparaître dans l'ouest et s'engouffrer sur les solitudes de l'Océan. Le pauvre Prince a dû mourir noyé dans les flots. Le même jour, à 11 heures et demie, c'est-à-dire une demi-heure après, un second ballon était lancé de la gare du nord et arrivait aussi sur l'Océan au lever du soleil. La commission avait, paraît-il, sur l'examen de la vitesse du vent à terre, ordonné au marin aéronaute de rester huit heures dans l'atmosphère. C'était la consigne ! Mais le ballon emportait un second passager. En arrivant sur l'Océan, l'aérostat passe juste au-dessus de Belle-Ile-en-Mer et le passager tire la soupape : il était temps ! Une minute de plus et ce second ballon avait le sort du premier.

XXVI. — Le 27 janvier 1871, au moment de l'armistice, l'avant-dernier des ballons du siège, monté par le marin Lacaze, part de la gare du Nord et va se perdre en mer, au large de La Rochelle.

XXVII. — Un troisième aéronaute du siège est mort des suites de son voyage, à Tours, huit jours après sa descente : le matelot Le Gloennec, parti le 2 novembre de la gare d'Orléans et tombé dans le département de Maine-et-Loire.

C'est par miracle que le ballon parti le 21 novembre, à onze heures du soir, qui fut emporté par une tempête sur la mer du Nord et arriva *en quinze heures en Norwège*, au delà de Christiania, n'ait pas été englouti dans les flots. L'aéronaute Rolier et son compagnon qui, depuis de longues heures d'angoisse, se croyaient absolument perdus, ne doivent leur salut qu'à leur courageuse persévérance et à la configuration géographique des côtes de Norwège, qui a présenté sur la route du navire aérien une montagne de sapins à laquelle s'accrocha l'ancre de la nacelle.

Sur les 64 ballons-poste lancés pendant le siège, deux se perdirent en mer, comme nous venons de le voir, et quatre autres furent sur le point de se perdre.

Mais la nécrologie de l'aérostation ne s'arrête pas encore ici.

XXVIII. — Au mois de septembre 1871, nous voyons l'aéronaute américain Wilburg, dans une ascension faite à Paoli (Indiana, Amérique), tomber de ballon de plus d'un kilomètre de hauteur. Son corps rebondit à quatre pieds de l'endroit où il avait touché terre une première fois.

XXIX. — Au mois de juin 1872, à Decatur (Alabama), Atkins fait une descente malencontreuse et se noie dans la rivière Tennessee.

XXX. — Le 4 juillet 1873, nouveau naufrage aérien à Ionia (Michigan). L'aéronaute La Mountain, dont le courage était souvent poussé jusqu'à la témérité et qui. l'année précédente, avait déjà failli périr englouti dans les eaux du lac Érié, avait eu l'idée funeste de suspendre la nacelle, non pas à un filet enveloppant le globe aérien, mais à une série de cordes indépendantes les unes des autres et attachées à un cercle de bois placé à la partie supérieure de la montgolfière. L'ascension fut très rapide ; on s'aperçut que la nacelle n'était pas dans la verticale : les cordes se rapprochèrent peu à peu et finirent par se réunir toutes du même côté, et le ballon s'échappa ! La nacelle tomba alors comme une pierre, tandis que le malheureux aéronaute, qui s'y accrochait convulsivement, avait encore la présence d'esprit d'essayer de la retourner sur sa tête et de s'en servir comme parachute. Mais à trente mètres du sol, il lâcha prise et son corps s'abattit sur le sol avec un bruit sourd, en s'y enfonçant de quinze centimètres. Les os étaient broyés, la tête horriblement écrasée.

XXXI — Le 9 juillet 1874, en Angleterre, au même lieu (Cremorn-Garden) où, vingt ans auparavant, Leturr avait déjà trouvé la mort, de Groof se laissa tomber de ballon pour expérimenter des ailes de son invention, et se fracassa sur le pavé. Quelque temps auparavant, je l'avais rencontré à Bruxelles et lui avais assuré, d'après les principes exposés plus haut, que ses ailes étaient incontestablement moins sûres qu'un grand parapluie. Il m'avait répondu que, malgré les meilleures raisons scientifiques, il réussirait certainement. C'était affirmer qu'il fait nuit en plein soleil.

XXXII. — Le 9 août 1874, 321e et dernière ascension de l'aéronaute Braquet, à Royan, en montgolfière. Chute de 400 mètres de hauteur.

XXXIII. — La même année, pour la majorité du roi de Siam, fêtes à Bangkock et lancement d'un ballon monté par un nègre. On n'en a jamais eu aucune nouvelle.

XXXIV. — Le 15 avril 1875, catastrophe du *Zénith*. Mort de Crocé-Spinelli et Sivel. Tout le monde se souvient encore de cette terrible catastrophe. Ce jour-là à 11 h. 32 m. du matin, ce magnifique aérostat s'élevait majestueusement et gaiement de l'usine à gaz de La Villette, monté par trois aéronautes, MM. Crocé-Spinelli, Sivel et Gaston Tissandier. A 1 heure et demie, l'aérostat atteignait la hauteur de 8000 mètres, mais ses trois passagers étaient évanouis dans la nacelle. A partir de 7000 mètres environ, ils avaient été pris d'un état d'engourdissement déjà connu par l'ascension de M. Glaisher à une élévation plus grande encore, et dont ils ne s'étaient en aucune façon préoccupés à leur départ, convaincus qu'ils étaient que l'inhalation de l'oxygène suffirait pour empêcher les malaises observés dans les ascensions antérieures. Mais à ces grandes hauteurs, les battements du pouls s'accélèrent très vite, le corps et l'esprit s'affaiblissent peu à peu, graduellement, insensiblement, sans qu'on en ait conscience. On devient absolument indifférent, et, avant même de perdre connaissance, on ne lèverait pas le doigt pour ne pas mourir. « On ne souffre en aucune façon, écrivait à ce propos le survivant de la catastrophe; au contraire, on éprouve une joie intérieure et comme un effet de ce rayonnement de lumière qui vous inonde. On monte et l'on est heureux de monter. » Le vertige des hautes régions n'est pas un vain mot. Après une demi-heure environ d'évanouissement, M. Tissandier s'éveilla et vit ses deux amis évanouis au fond de la nacelle.

Le ballon descendait rapidement et le vent était violent de bas en haut. Il n'eut pas la force de jeter du lest pour empêcher le ballon de tomber, et se rendormit comme dans un rêve. Quelques moments après, il se sentit secouer par le bras et reconnut Crocé-Spinelli, qui s'était ranimé et qui criait : « Jetez du lest, nous descendons ! » Mais c'est à peine s'il pouvait ouvrir les yeux, et tout ce dont il se souvient, c'est d'avoir vu son compagnon jeter par-dessus bord les instruments, les couvertures et tout ce qu'il pouvait. Il est probable que le ballon délesté remonta encore une fois dans les hautes régions, car trois quarts d'heure plus tard, M. Tissandier, de nouveau réveillé, sentit que le ballon tombait avec une vitesse effrayante. La nacelle était balancée fortement et décrivait de fortes oscillations; ses deux compagnons étaient accroupis au fond de la nacelle. Sivel avait la figure noire, les yeux ternes, la bouche béante et remplie de sang ; Crocé avait les yeux à demi fermés et la bouche ensanglantée. Ils étaient morts... Le choc à terre fut d'une violence extrême : le ballon sembla s'aplatir. Le vent était rapide, et la nacelle fut entraînée sur les champs, tandis que les corps des deux malheureux aéronautes étaient cahotés durement et sur le point d'être à chaque instant jetés hors de la nacelle. Enfin l'aéronaute put saisir la corde de la soupape et arrêter définitivement le ballon contre un arbre, près de la commune de Ciron (Indre). Il était quatre heures du soir. — La science comptait deux soldats de plus morts au champ d'honneur, et les noms de Sivel et Crocé-Spinelli venaient hélas! s'ajouter au martyrologe de la navigation aérienne.

Cette nécrologie est déjà bien longue. Et pourtant que de victimes plus récentes encore !

XXXV. — Le 15 juillet 1875, sur le lac Michigan, les aéronautes américains Donaldson et Grimwood tombent dans les flots et y trouvent la mort.

XXXVI. — Le 13 août 1876, à Issy, près Paris, un aéronaute-gymnasiarque, le jeune Triquet, fait du trapèze sous un ballon au départ. Mais lorsque, quelques minutes plus tard, le ballon descend à Montrouge, on trouve l'aéronaute mort, suspendu par un un pied, et la tête fracassée par le traînage à la descente.

XXXVII. — Le 28 septembre 1879, à San-Francisco, deux aéronautes, Williams et Colgrave, s'élancent dans les airs pendant une tempête. Une bourrasque les jette hors de la nacelle. Mort instantanée.

XXXVIII. — Le 4 juillet 1880, au Mans, l'aéronaute Petit se confie en compagnie de sa femme à

l'incertitude d'un vieux ballon troué. A cette imprudence il ajoute celle de placer son jeune fils dans un
petit ballon dominant le premier et qu'il maintenait
captif à l'aide d'une longue corde, gardée dans sa
main. Les deux ballons s'élevèrent en même temps,
mais l'inférieur n'avait pour ainsi dire aucune force
ascensionnelle et l'aéronaute jeta tout son lest sans
pouvoir monter rapidement.

Dans cette conjoncture, Petit abandonna la corde,
en criant à son fils : « Va seul maintenant. » Quelques secondes après, le grand ballon se déchirait de
haut en bas et l'aéronaute était précipité sur un mur
de jardin et mortellement blessé. De même que
dans un cas analogue, signalé plus haut, sa femme
en fut quitte pour quelques contusions. Il est probable que la corde par laquelle il retenait le ballon
supérieur, aura fendu ce mauvais aérostat et déterminé sa chute rapide. Le petit aérostat qui contenait
son fils descendit quelques minutes après comme un
papillon dans une prairie.

XXXIX. — Le 8 août de la même année, Charles
Brest partait de Marseille malgré un vent violent du
nord-ouest, et était porté sur la Méditerranée avec
une vitesse vertigineuse. Deux heures après, à l'entrée de la nuit, il courait presque à fleur d'eau,
suivant les ondulations des vagues, et rencontrait un
navire avec une telle rapidité qu'il fut impossible
d'échanger une seule parole. Le lendemain matin,
on trouvait sur les côtes de la Corse, près d'Ajaccio, le ballon avec sa nacelle vide.

XL. — L'année 1880 n'a pas été favorable aux

ballons. Pour couronner les deux accidents qui précèdent, le 31 octobre 1880, à Neuilly, un pauvre gymnasiarque, Navarre, eut l'imprudence, la folie, de s'élancer dans les airs sous une montgolfière perdue, *sans nacelle*, et simplement suspendu à un trapèze ! L'imprévu de sa situation, le vertige, la fatigue, l'air froid des régions supérieures, l'air chaud de la montgolfière peut-être, une cause quelconque restée ignorée l'ont fait lâcher prise à 600 mètres de hauteur. Il tomba au milieu d'un jardin, tandis que la montgolfière délestée continuait son cours pour descendre un quart d'heure plus tard sur la place Saint-Michel. Il arriva horizontalement, moula son corps et rebondit à un mètre, quoique absolument broyé.

Ce sont là les victimes principales des ballons, dont l'extrait mortuaire nous est connu. Elles sont déjà au nombre de 44, et très certainement il ne serait pas exagéré d'évaluer au double le nombre total des victimes, depuis un siècle que le premier globe aérien s'est envolé dans les airs. Il en est d'autres, qui, sans succomber, ont vu la mort d'assez près. En 1842, Dupuis-Delcourt fut sur le point de périr asphyxié par le gaz du ballon. En 1850, Bixio et Barral faillirent avoir le même sort, attendu que, selon l'expression d'Arago, ils étaient « partis comme une flèche » dans les hauteurs aériennes. En 1862, Glaisher et Coxwell s'évanouirent à 8000 mètres de hauteur et ne se réveillèrent qu'à la descente du ballon. En 1863, les passagers du *Géant* tombèrent en Hanovre sous une forte tempête qui détermina un traînage dramatique : la plupart des passagers furent blessés. En novembre 1870, le ballon-poste *la Ville d'Orléans* fut emporté sur la mer du nord, et ses deux voyageurs se virent, depuis l'arrivée du jour jusqu'à leur arrêt en Norwège à 2 heures de l'après-midi, perdus sur l'immensité des vagues mugissantes. Au mois de juillet 1874, le jour même de mon voyage de noces de Paris à Spa, M. et Mme Duruof étaient jetés de Calais sur la mer du Nord, et ne durent leur salut qu'à l'habileté, au sang-froid, au courage et à la persévérance de Duruof, qui parvint à maintenir sa nacelle à la surface des flots et à se faire recueillir par un équipage de pêcheurs sur les côtes d'Angleterre : sauvetage miraculeux d'un double naufrage, atmosphérique et maritime. Au mois de décembre 1875, un ballon d'observation scientifique, monté par huit passagers, était précipité, une demi-heure après son départ, de 230 mètres de hauteur, et tombait avec une vitesse vertigineuse : le colonel Laussedat et le capitaine Mangin ont eu la jambe cassée ; le capitaine Renard et Eugène Godard étaient de même assez grièvement blessés. M. Albert Tissandier, qui faisait partie de l'expédition, a constaté que l'un des clapets de la soupape était grand ouvert, et que l'étoffe du ballon s'était déchirée dans le sens des coutures, depuis l'équateur jusqu'à la couronne du filet. Enfin, tout récemment, le 6 mars 1881, un ballon parti de Nice et monté par trois passagers, MM. Sovis, Alloth et Vivier, a été jeté sur la Méditerranée, ballotté pendant quatre heures sur les flots, et recueilli pour ainsi dire miraculeusement par un voilier italien qui passait là.

En parcourant la liste précédente, on voit que les sinistres aériens peuvent être classés sous les causes suivantes : 1° Ballons perdus en mer ; — 2° Asphyxie dans la nacelle même par la descente du gaz de l'aérostat ; — 3° traînage et chocs à la descente ; — 4° Témérités imprudentes, inutiles et parfois même incompréhensibles ; 5° raréfaction de l'air au-dessus de 8000 mètres ; — 6° incendie de montgolfière ; — 7° chute du ballon par déperdition du gaz, usure ou déchirure de l'étoffe, défauts à la soupape ou au filet. Il semble que tous ces accidents auraient pu être prévus et évités. Mais nous ne devons pas faire le procès de ces victimes qui ont marqué de leur sang la voie triomphale de la navigation aérienne. Profitons, s'il est possible, de leur expérience pour ne pas subir le même sort, et marchons en avant avec courage et confiance.

Dans l'aérostat mystérieux qui passe, saluons le fanal de la science et la locomotion de l'avenir.

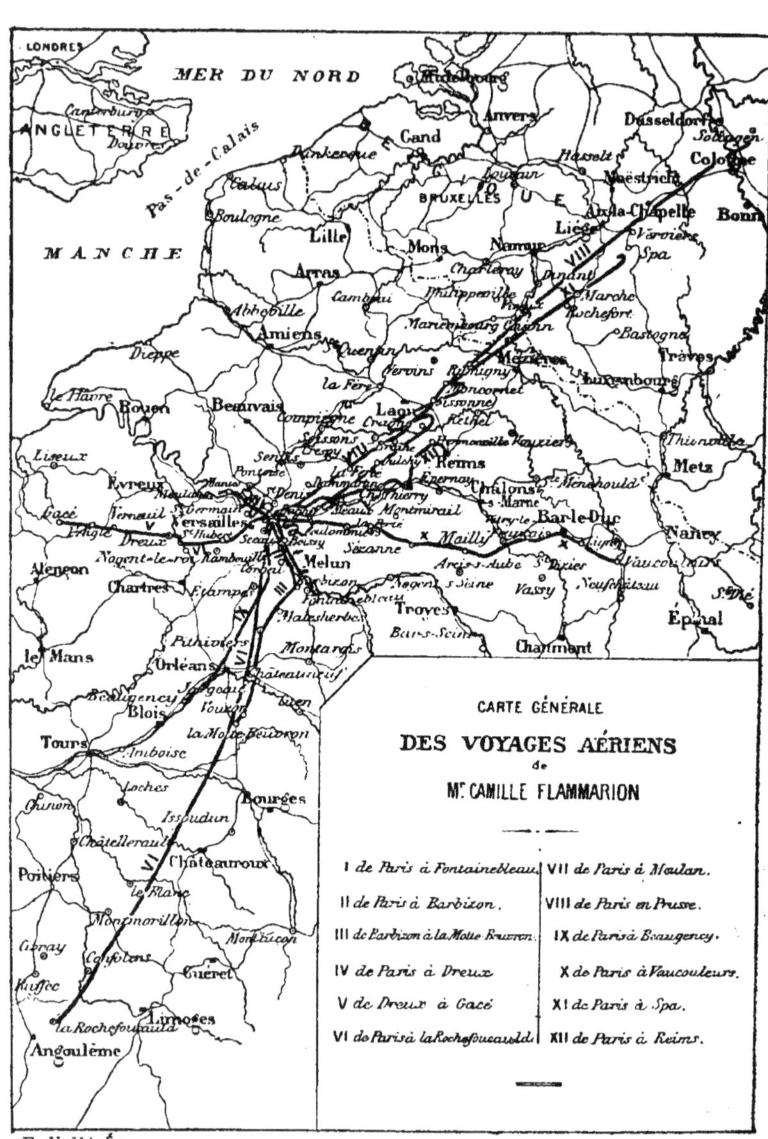

CARTE GÉNÉRALE

DES VOYAGES AÉRIENS

de

Mr CAMILLE FLAMMARION

I de Paris à Fontainebleau	VII de Paris à Meulan.
II de Paris à Barbizon.	VIII de Paris en Prusse.
III de Barbizon à la Motte Beuvron.	IX de Paris à Beaugency.
IV de Paris à Dreux	X de Paris à Vaucouleurs.
V de Dreux à Gacé	XI de Paris à Spa.
VI de Paris à la Rochefoucauld	XII de Paris à Reims.

E. Hellé Sc.

TABLE DES MATIÈRES

FIN DE LA TABLE DES MATIÈRES

9 782329 478272